これからの MEMS
Micro Electro Mechanical Systems
LSIとの融合

江刺正喜・小野崇人 共著
Esashi Masayoshi ・ Ono Takahito

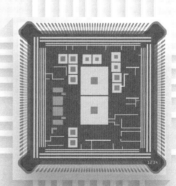

森北出版株式会社

● 本書のサポート情報を当社Webサイトに掲載する場合があります．
下記のURLにアクセスし，サポートの案内をご覧ください．

https://www.morikita.co.jp/support/

● 本書の内容に関するご質問は，森北出版 出版部「(書名を明記)」係宛に書面にて，もしくは下記のe-mailアドレスまでお願いします．なお，電話でのご質問には応じかねますので，あらかじめご了承ください．

editor@morikita.co.jp

● 本書により得られた情報の使用から生じるいかなる損害についても，当社および本書の著者は責任を負わないものとします．

■ 本書に記載している製品名，商標および登録商標は，各権利者に帰属します．

■ 本書を無断で複写複製（電子化を含む）することは，著作権法上での例外を除き，禁じられています．複写される場合は，そのつど事前に(一社)出版者著作権管理機構（電話03-5244-5088, FAX03-5244-5089, e-mail:info@jcopy.or.jp）の許諾を得てください．また本書を代行業者等の第三者に依頼してスキャンやデジタル化することは，たとえ個人や家庭内での利用であっても一切認められておりません．

はじめに

　半導体微細加工を応用し，情報処理する電子回路だけでなく，入力に用いられるセンサや出力に用いられるアクチュエータ，あるいは微細構造体などをも一体化した小形システムは，MEMS（Micro Electro Mechanical Systems）とよばれる．この技術はユーザインターフェースなど，システムの鍵を握る部分に用いられて重要な役割を果しており，売上げは年13％程の割合で拡大してきた．小形でも高度な機能をもち，ウェハ上に多数一括で製作して安価に供給したり，また量は少なくても付加価値の高いものを実現したりすることができる．しかし，多様な要素からなるため幅広い知識を必要とし，CMOS LSI のように標準化することは難しく，また一連の半導体加工装置を必要とするため，開発がボトルネックになっている．

　2011年に『はじめてのMEMS』（江刺正喜 著）を森北出版から世に出した．それでは「MEMS の製作」「MEMS の要素」および「MEMS の応用」と分けて，おもに基礎やシーズから記述した．本書『これからの MEMS ―LSI との融合―』（江刺正喜，小野崇人 著）では，おもに応用やニーズから記述してある．すなわち「次世代携帯機器」「センサネットワーク・高機能センサ」「光マイクロシステム」「バイオ・医療用マイクロシステム」および「製造・検査装置」に分けて解説した．それぞれの説明に関連して，開発された圧電薄膜などの基礎技術，あるいは製造装置についても述べた．MEMS の多くは集積回路（IC, LSI）と一体化して実用化されている．これには MEMS と LSI を別チップに製作して近くに置く SIP（System In Package）が多く用いられているが，画像関係のように同一チップに形成した SOC（System On Chip）もある．しかし同一チップに MEMS を形成する場合に，下の LSI を破壊しないようにする必要がある．本書では―LSI との融合―と副題にあるように，さまざまな MEMS を LSI 上に形成する，いままで不可能であった「ヘテロ集積化」を可能にする技術を中心

はじめに

に述べている．このため第1章「ヘテロ集積化（MEMSとLSIの融合）」では，この基本技術について説明する．また開発を促進する協働が不可欠であり，これについて最後の章「高度化と有効利用への道」で述べる．

　2007（平成19）年度から「先端融合領域イノベーション創出拠点形成プログラム」で，10年間にわたって東北大学を中心に16社が協力して「マイクロシステム融合研究開発拠点」が進められている．この研究統括は著者の江刺（2007〜2009年度）と小野（2010〜2016年度）であり，本書はこの成果を基本にして多くの共同研究者の協力のもとに執筆された．この拠点ではカバーしていない重要な分野もあるが，これについては他の機関の成果を引用させていただいた．具体的には2.2節　ユーザインターフェース，5.2.2項　体内埋込，6.1.1項　光露光，6.2.1項　大気圧走査電子顕微鏡であり，できるだけ完成度の高いもの，あるいは実用化されているものを取り上げた．

　最後に「先端融合領域イノベーション創出拠点形成プログラム」をご支援いただいた関係者の皆様に謝意を表する．また出版にあたっては森北出版(株)の藤原祐介氏と石田昇司氏および塚田真弓氏にお世話になり，ここに謝意を表する．本書が提供する情報が役に立ち，MEMSがますます使われることを願っている．

2016年5月　　　　　　　　　　　　　　　　　　　　　　江刺正喜，小野崇人

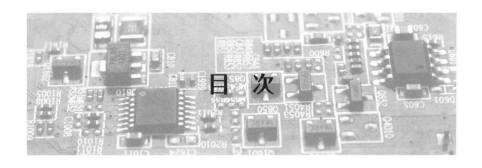

はじめに

第1章 ヘテロ集積化（MEMSとLSIの融合）　　1
1.1 ヘテロ集積化の動向 …………………………………………… 2
1.2 乗り合いウェハ ………………………………………………… 3
1.3 LSI上への転写によるヘテロ集積化 ………………………… 4
1.4 ウェハレベルパッケージング ………………………………… 11

第2章 次世代携帯機器　　15
2.1. コグニティブ無線のためのヘテロ集積化 …………………… 16
   2.1.1 AlN系圧電デバイスと発振器の集積化　18
   2.1.2 $LiNbO_3$ や $LiTaO_3$ によるSAW共振子の集積化と可変帯域化　22
   2.1.3 MEMSスイッチ　25
2.2 ユーザインターフェース ……………………………………… 28
   2.2.1 加速度センサ・ジャイロ　28
   2.2.2 コンパス　31
   2.2.3 コンボセンサ　34
   2.2.4 圧力（気圧）センサ　35
   2.2.5 マイクロフォン　35
   2.2.6 ディスプレイ　37
2.3 携帯機器用電源 ………………………………………………… 38

目次

第3章 センサネットワーク・高機能センサ　43
3.1 有線センサ　44
   3.1.1 触覚センサネットワーク　44
   3.1.2 橋・建物のヘルスモニタリング　49
   3.1.3 過酷環境でのセンシング　52
3.2 無線センサ　53
3.3 熱型赤外線センサ　57
3.4 環境ガス分析　59

第4章 光マイクロシステム　65
4.1 光スキャナ　66
   4.1.1 高機能光スキャナ　66
   4.1.2 圧電光スキャナ　73
4.2 光スイッチ　82

第5章 バイオ・医療用マイクロシステム　85
5.1 バイオマイクロシステム　86
   5.1.1 集積化バイオセンサアレイ　86
   5.1.2 ワイヤレス免疫センサ　92
   5.1.3 マイクロ磁気共鳴イメージング　94
   5.1.4 熱量センサ　95
5.2 医療用マイクロシステム　97
   5.2.1 低侵襲医療　97
   5.2.2 体内埋込み　104

第6章 製造・検査装置　109
6.1 LSI露光　110
   6.1.1 光露光　110
   6.1.2 EUV光源用フィルタ　111
   6.1.3 超並列電子線描画装置　111
6.2 顕微鏡とマイクロプローブセンサ　116

6.2.1　大気圧走査電子顕微鏡　　116
　　6.2.2　マイクロプローブセンサ　　117
　6.3　電磁ノイズイメージング …………………………………… 125

第7章　高度化と有効活用への道　　127
7.1　LSIとの融合 ……………………………………………………… 128
7.2　オープンコラボレーションと「試作コインランドリ」……… 128
7.3　グローバル化 ……………………………………………………… 132
7.4　人材育成 …………………………………………………………… 134
7.5　MEMSのこれから ………………………………………………… 135

参考文献………………………………………………………………… 136
索　引…………………………………………………………………… 148

第1章

ヘテロ集積化
(MEMSとLSIの融合)

この章ではMEMSとLSIを融合した「ヘテロ集積化」の動向，パッケージングも含めたMEMSとLSIの融合方法について述べる．また大きな課題となる，開発の効率やコストなどに関連し，「乗り合いウェハ」によるLSI試作についても議論する．

第 1 章　ヘテロ集積化（MEMS と LSI の融合）

1.1 ヘテロ集積化の動向

　MEMS（Micro Electro Mechanical Systems）はマイクロシステムなどともよばれ，感じるセンサや動くアクチュエータあるいは微細構造体などを Si チップなどの上に形成する技術である[1]．入力や出力あるいは通信などの重要な機能を果たし，システムに大きな付加価値をもたらす．半導体微細加工技術によって，小形でありながら複雑で高度な機能をもつものを実現できるだけでなく，ウェハ上に同時に多数作ることができるため安価に供給することができる．図 1.1 はスマートフォンに使われる部品を示している．とくにユーザインターフェースなどに MEMS の部品が使われており，図に示すようにそれが増えてますます便利なものになる．

　情報処理を担う集積回路に異種要素である MEMS を組み合わせる「ヘテロ集積化」や「集積化 MEMS」とよばれる技術により，画像関係のアレイ化したデ

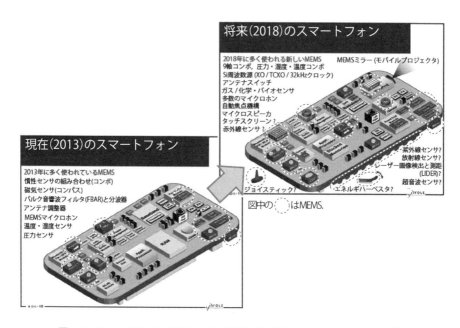

図 1.1　スマートフォンで使われる MEMS（フランス Yole Development 社）

バイス，あるいは微小容量を検出するセンサなどが可能になる．この開発には多様な技術を必要とし，産業界どうし，あるいは産官学などでの連携が重要である[2]．

今後はIoT（Internet of Things）の市場が大規模に成長し，MEMSによるセンサがネットワーク（クラウド）につながり多くの情報を集めて利用されるようになると予想されている．図1.2は今後の市場価値をハードウェア，クラウド，およびデータに分けて予測したものである．2024年にはこれらの全体が4000億米ドル（約40兆円），年平均成長率が42％になると考えられ，とくに集めたデータを利用したビジネスが拡大し，データの市場はハードウェアとクラウドを合わせた市場の3倍ほどにもなるといわれている[3]．

MEMSは量産効果を促進させ，いろいろな分野で大量に使われ低価格化が進み普及すると期待される．このような動きは1兆個規模でMEMSセンサが使われるという意味で，トリリオンセンサ（trillion sensors）とよばれる[4]．

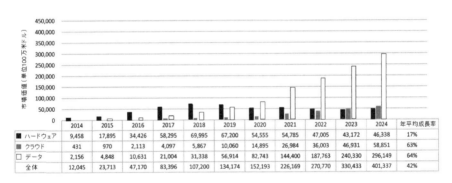

図1.2　IoT（Internet of Things）時代のマーケット予測
（フランス Yole Development 社）

1.2　乗り合いウェハ

「ヘテロ集積化」に用いる高密度集積回路（LSI）を実現する場合，高度なLSIはCMOSファウンドリで集中的に製作することになる．とくに開発段階では限られた数量のLSIを試作する必要があるが，これを短期間で安価に行うには工夫がいる．「マルチプロジェクトウェハ」とよばれる方法では，同一ウェハ上に異なる機関のLSIを製作し，各チップに分割してからそれぞれの機関に供給す

る.しかし,LSI と MEMS をウェハ状態で一括接合して組み合わせるには,次のような方法によってウェハ状態で供給されなければならない.

図1.3 の「乗り合いウェハ」では,会社など複数の機関でチップを同一ウェハ上に製作し,これを分割せずそれぞれに供給する.この場合の各機関では別の機関のチップの情報を使わないという約束がなされている必要があり,当然競合しない機関のグループで行うことになる.もう一つの方法は図1.4 のように,無関係な部分をレーザで破壊したウェハを製作して,そのウェハを供給するものである.機密情報の問題はないため不特定な機関のチップを載せることができ,安価にもなる.この場合には,ウェハ上の他機関のチップは使わないで捨てることになる.これらの方法では共通化できる微細化のレベルや要素の種類などに合わせたプロセスで製作する.

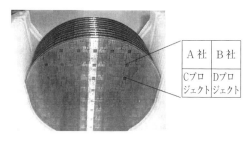

図1.3 乗り合いウェハ

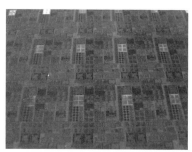

図1.4 無関係な(黒に近い色の)部分をレーザで破壊したウェハ

1.3 LSI 上への転写によるヘテロ集積化

MEMS はセンサやアクチュエータ,微細構造体などの多様な要素を Si チップなどの上に形成する技術であるが,とくに LSI を MEMS と一体化すると,雑音を減らしたり,大量の情報を集めたり,情報処理で判断機能や通信機能をもたせたりすることができる.市販されている多くの MEMS は LSI と一体化されているが,以下に述べるように,その高度化は高性能化や低価格化による普及に重要な意味をもつ[1].このような MEMS に LSI を一体化する技術をここでは「ヘテロ集積化」とよぶが,これには図1.5 のような各種の方法がある.

1.3 LSI上への転写によるヘテロ集積化

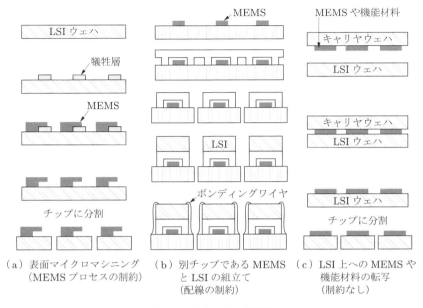

(a) 表面マイクロマシニング
（MEMSプロセスの制約）

(b) 別チップである MEMS と LSI の組立て
（配線の制約）

(c) LSI 上への MEMS や機能材料の転写
（制約なし）

図 1.5 各種ヘテロ集積化

　図 (a) の表面マイクロマシニングは，犠牲層の上に MEMS 構造を形成したあと，犠牲層をエッチングで除去することによって製作するものである．ビデオプロジェクタに用いられるミラーアレイのように多数の要素からなるヘテロ集積化を可能にする．この表面マイクロマシニングでは LSI を壊さないように MEMS を製作する必要があり，その制約のために実現できる MEMS も限られる．

　図 (b) は MEMS を入れて封止したチップを用い，その上に LSI チップを載せたり，あるいは傍に置いたりし，ボンディングワイヤ†で接続して製作するものである．加速度センサやマイクロフォンなど静電容量変化を検出するセンサのようなものに用いられている．MEMS は LSI とは別に製作するので自由度は高いが，接続配線数は多くできないため多数のアレイなどには適しておらず，また MEMS と LSI は少し離れているので，それらをつなぐ配線が電気的に問題になる場合がある．たとえば，高周波フィルタなどの MEMS を LSI に接続すると，ボンディングワイヤによるインダクタンス（寄生インダクタンス）や静電容量（寄生容量）が加わるため，目的の性能が得られないこともある．

---

† LSI チップ上の端子を外部と接続するための配線材．

図(c)はキャリヤウェハ上にMEMSや機能材料などを形成する．この場合はLSI上ではないので，高い温度での工程など自由度が大きい．MEMSを形成したキャリヤウェハをLSIウェハに接合した後，キャリヤウェハをエッチングなどによって除去してLSIウェハ上にMEMSを転写する．この方法では図(a)に比べてMEMSを製作するときの制約が少なくて多様なMEMSを自由に製作できる．また，図(b)に比べるとLSI上に直接形成されているため配線などの問題が少ない．すなわち，図(a)と図(b)の利点を併せもつヘテロ集積化が可能となる．なお，図(c)のような転写は，最新の裏面照射積型CMOSイメージセンサの製作などにも用いられている[2]．

図1.5ではウェハをチップに分割する工程までを示しているが，分割後にパッケージに入れて外部環境から保護したり，後で述べるウェハレベルパッケージングによってチップに蓋をした構造にして分割することができる．なお図(c)でキャリヤウェハをそのままパッケージの蓋として使用することもでき，後の図2.17（p.31）で説明する集積化振動ジャイロ（Invensense社）では，蓋の下面にMEMSを形成しLSIにウェハ状態でAl-Ge（アルミニウム - ゲルマニウム）共晶接合してある．

図1.5(c)のLSI上へのMEMSや機能材料の転写を分類したものが図1.6である[3][4]．図(a)のフィルム転写は，キャリヤウェハ上に形成した機能材料をLSIウェハに樹脂で接合する．その後キャリヤウェハをエッチングなどで除去することでLSI上に機能材料を転写し，これにMEMSを形成する．LSI上では温度を上げられないため，高温でしか堆積できないような材料（ダイヤモンドなど）をキャリヤウェハ上に堆積する．LSI上に材料を転写した後にMEMSの製作をLSI上で行うため，その製作工程でLSIを壊さないことが要求される．

これに対して図(b)と図(c)のデバイス転写では，MEMSをキャリヤウェハ上に形成した後，接合用樹脂でLSIウェハ上に転写するため，MEMSの製作時にLSIを破壊してしまうことがない．図(b)や図(c)とは異なり，図(a)では転写時にMEMSとLSIを接続するため，位置合わせのための面積が必要で，高密度にMEMSを配置することができない．

電気的なMEMSとLSIの接続部にはvia[†]（ビア）が用いられる．図(b)をvia-lastとよぶ．via-lastでは転写後キャリヤウェハを除去し，その後，接合に

[†] 多層配線において下層の配線を上層の配線と電気的につなぐ接続領域のこと．

1.3 LSI 上への転写によるヘテロ集積化

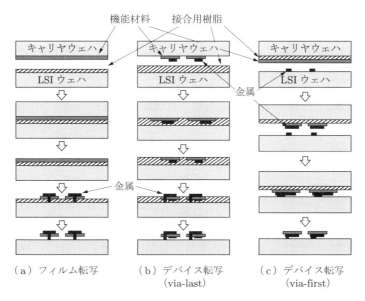

図1.6 ヘテロ集積化のための転写法

用いた樹脂の孔に via として電気めっきなどで金属を埋め込み MEMS を LSI と電気的に接続し，樹脂を除去する手法である．これに対して図（c）の via-first は，あらかじめ LSI 上に端子用の金属バンプなどを形成しておき，キャリヤウェハ上の MEMS を LSI の端子に金属バンプ接続し，最後にキャリヤウェハを取り去る手法である．図（c）では，LSI 上に金属バンプを形成する必要があるが，ウェハ上のすべての MEMS を一括転写するだけでなく，必要に応じて選択的に転写することができる．図（c）の例では MEMS の下にある樹脂を除去してキャリヤウェハを剥離しているが，樹脂を使わないレーザによる剥離（レーザデボンディング）などを行うこともできる（図1.8参照）．

このデバイス転写の概念を，図（b）で説明した via-last の場合を取り上げ図1.7に示す[1]．上に MEMS を形成した LSI ウェハでは，図1.11や図1.12(p.11)で説明するウェハレベルパッケージングを行い，ウェハを切断するダイシングによって，パッケージングされたヘテロ集積化チップを得ることができる．

LSI チップ上に複数のあるいは一部だけに MEMS を転写したりする場合に，MEMS は LSI チップよりも小さくなる．このため図1.8のように，ガラスなどのキャリヤウェハ上に形成した MEMS を一部だけ（この例では一つおきに）

第1章 ヘテロ集積化（MEMSとLSIの融合）

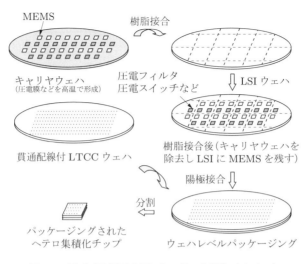

図1.7 デバイス転写を用いたヘテロ集積化（via-last）

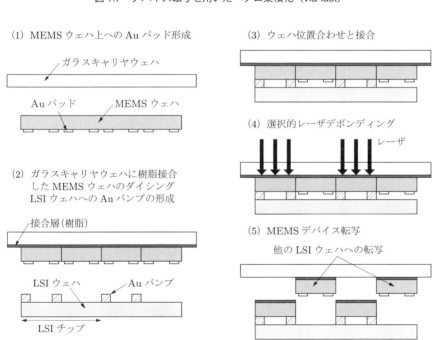

図1.8 レーザデボンディングを用いた選択転写

8

1.3 LSI 上への転写によるヘテロ集積化

LSI ウェハ上に選択的に転写し，残りの MEMS は別の LSI ウェハ上に転写する[5]．この選択転写には，ガラスの裏面からレーザを照射して選択的に接合を剥離するレーザデボンディングを用いる．これには MEMS ウェハの裏面に形成した薄いポリマーをレーザで炭化させてガラスとの付着力を弱くする方法や，サファイア上の Pt 薄膜表面の付着力がレーザで弱くなる方法を用いている．これらについてそれぞれ，後の図 2.7（p.22）や図 2.9（p.24）で具体的な応用例を説明する．

　フォトレジスト（感光性樹脂，レジストともよぶ）や接合用樹脂などのポリマーを除去するには，液中で溶剤に溶かしたり分解したりするウェットエッチング，あるいは酸素プラズマ中などで分解するドライエッチングが用いられる．溶剤でレジストを除去すると，レジストが膨潤して構造体を破壊させることもあるため，注意が必要である．またドライエッチングでは，一般にエッチング速度が遅いため，温度を上げて行うこともある．ポリマー除去の用途を図 1.9 に示す．図（a）は選択的に露光することによってパターン形成したレジストを鋳型にして金属を電気めっきし，レジストを除去して金属構造体を形成する電鋳である．図（b）は図 1.5（a）で説明した表面マイクロマシニングに用いる犠牲層エッチングの場合である．構造体に開けた孔から犠牲層のポリマーをエッチングすることができる．図（c）は図 1.6 や図 1.7 で用いた接合用樹脂を除去する場合である．この場合にはウェハの側面からエッチングすることが必要になる場合もあり，ポリマーを速くエッチングできることが要求される．

　このような目的でポリマーを分解して速くエッチングする装置を図 1.10 に示

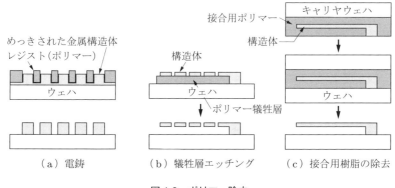

図 1.9　ポリマー除去

す．図(a)はオゾンを酢酸に溶存させた液を用いる方法であり，これによって接合に用いられるベンゾシクロブテン（BCB（BenzoCycloButene））をエッチングした例を図(b)に示す[6][7]．図(c)のようなUVアシストオゾンエッチング装置を用いると，さらにエッチングを速めることができる[8]．ここでは水分を含むオゾンをウェハ上に流し，紫外線を照射し回転による遠心力で分解生成物を除去する．

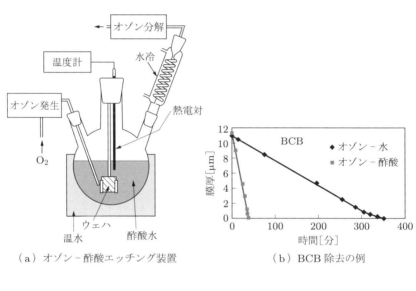

(a) オゾン-酢酸エッチング装置　　(b) BCB除去の例

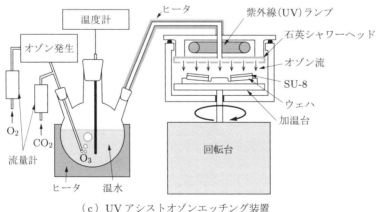

(c) UVアシストオゾンエッチング装置

図1.10　オゾンを用いたポリマー除去

1.4 ウェハレベルパッケージング

トランジスタからなる LSI の場合と異なり MEMS は機械的に動くため，樹脂で固めてしまうことはできず，MEMS 構造の部分に空間をもたせて封止（パッケージング）しなければならない．これをウェハ状態で一括に行うウェハレベルパッケージングを図 1.11 に示す[1]．MEMS などを形成したウェハの蓋として，配線用の孔や貫通配線を形成したガラスウェハを陽極接合する．陽極接合は 400 ℃ ほどでガラスに －500 V 程度の電圧を印加し，Si との界面で静電引力を発生させて接合する方法である[2]．この接合したウェハを分割することにより，低コストで小形のパッケージングされたチップを作ることができる．また，この方法ではダイシングで分割するときなどに，MEMS 部にゴミが入らない．LSI の場合には，ウェハにプローブ（探針）を接触させて電気的にテストし，良品だけを容器に入れることができる．これに対して MEMS の場合は，ウェハ上でテストできないので，容器に入れてからテストすると不良の場合に容器が無駄に

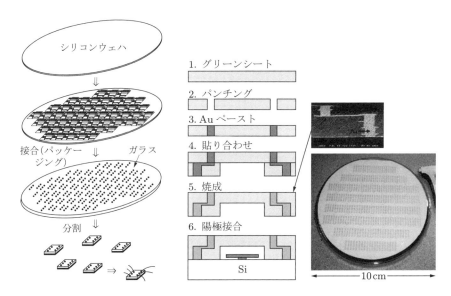

図 1.11　ウェハレベルパッケージング　　図 1.12　貫通配線付 LTCC によるウェハレベルパッケージングと LTCC ウェハ

第1章 ヘテロ集積化（MEMSとLSIの融合）

なってしまう．このようにして，容器が不要のウェハレベルパッケージングではコストを 70 ％程度減らすことができる．

図 1.12 は蓋にあたるウェハに，貫通配線を形成した低温焼成セラミック（LTCC（Low Temperature Co-fired Ceramics））を用いたものである[3]．熱膨張係数を Si に合わせた LTCC を開発して用いている．焼成する前の状態でパンチングによって孔開けして Au ペーストを詰め，貫通配線を形成した後に貼り合わせて焼成してある．焼成する段階で収縮して横方向に寸法が変わらないように工夫されている．貼り合わせることにより貫通配線部を通しての気体の漏れを防いで，確実に気密封止している．

図 1.13 は内部と LTCC 貫通配線との電気的接続法である．これには陽極接合したときに電気接続部が変形できることが要求される．図（a）は LTCC を

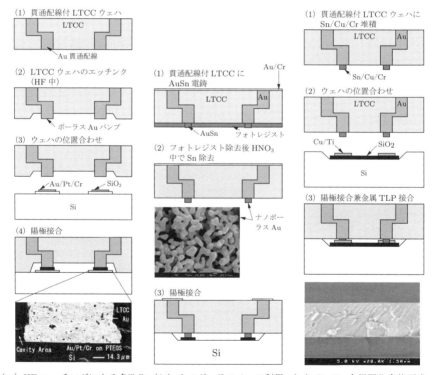

（a）HF エッチングによる多孔化　（b）ナノポーラス Au の利用　（c）Cu-Sn 金属間化合物形成

図 1.13　LTCC を用いたウェハレベルパッケージングにおける電気接続

1.4 ウェハレベルパッケージング

HF（フッ化水素）でエッチングしたときに，Au貫通配線中のSiO_2（二酸化ケイ素）が溶け出して多孔質化し変形する方法である[4]．図(b)ではフォトレジストを鋳型にして電鋳で形成したAuSn（金すず合金）を用いる．HNO_3中ではSn(すず)が溶出してAuが集まり，多数の小さな孔が開いたスポンジ状のAu(ナノポーラスAu)が形成されるので，それを変形させて使用する[5][6]．図(c)では，LTCC側には密着のためのCr層上にCuとSnを順次，またSi側にはTi層上にCuをそれぞれ形成しておき，陽極接合時にSnが溶融してCuに拡散しCu-Snの金属間化合物を形成するのを利用している[7]．

SnやIn（インジウム）などの低融点金属を用いたこのような接合はSLID（Solid Liquid InterDiffusion）接合[8]，あるいはTLP（Transient Liquid Phase）接合とよばれる．Cu-Snの場合は280℃で接合できるが，金属間化合物ができると融点が高く415℃になり固化する．なお，AuとSiを接合に用いるAu-Siや後の図2.17（p.31）で紹介するAlとGeの組み合わせによるAl-Geなどの接合は共晶（eutectic）接合とよばれ，接合温度では溶融状態になっている．

図1.13(c)のような接合を行う金属接合装置を図1.14に示してある[9]．この装置は表面処理と位置合わせ，および接合の3室からなり，その中でウェハを搬送できるようになっている．空気中でCu表面は酸化しているため，そのウェハを150〜200℃に加熱しHCOOH（蟻酸）のガスにさらすことによって，Cu

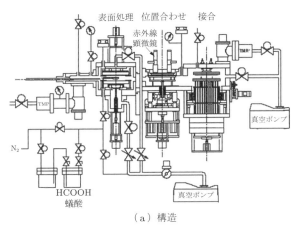
（a）構造

（b）外観

図1.14　金属接合装置

の酸化物を還元する表面処理を行う[10].このあとウェハを真空中で位置合わせ室に移動し,Si ウェハを通して赤外線顕微鏡で見て,別のウェハと位置合わせを行う.両基板を密着させて接合室に移動し均一に圧力を印加しながら加熱することによって接合を行う.この場合に電圧を印加して陽極接合を行うこともできる.

Ga(ガリウム)の融点は 30 ℃ と低いので,ほぼ室温で Ga を用いた SLID 接合を行うことができる[11]. 図 1.15 のように Ga は,$GaCl_3$(塩化ガリウム)を含む水溶液から電鋳で形成し,Au や Cu に接合することができる.接合後,それぞれの金属間化合物は融点が接合温度より高い 491 ℃($AuGa_2$)と 254 ℃($CuGa_2$)となり耐熱性がある.

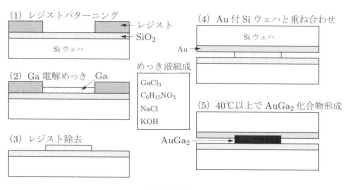

(a)工程

(b)接合断面

図 1.15 Au(または Cu)-Ga による室温接合

第 2 章

次世代携帯機器

　携帯情報機器によるワイヤレス通信が急速に普及し，空いている電波帯の有効利用が急務である．コグニティブ無線はそのために開発された新しい通信方式で，コグニティブ無線で使われる集積回路にフィルタなどを一体化するヘテロ集積化が研究されている．ここではそれについて述べるとともに，ユーザインターフェースのためのマイクロフォン，加速度センサなどについて現状と今後の方向を紹介する．また，充電を意識せずに携帯電話を使うための燃料電池の研究についても述べる．

2.1 コグニティブ無線のためのヘテロ集積化

携帯電話やスマートフォン，スマートウォッチなどの携帯情報機器が広く普及し，ワイヤレス通信の回線利用のデータ量は毎年 2.2 倍ほどの割合で増加している．災害時でも回線が途切れないことなども要求されている．そのために複数の無線方式を利用できるようにしておき，通信の混雑状況を把握して最適な無線方式を選択する技術をコグニティブ無線とよぶ．図 2.1 は NICT（（独）情報通信研究機構）が提案している，テレビの未利用電波帯（ホワイトスペース）を利用したコグニティブ無線の原理である[1]．空いている帯域は地域によって異なるため，多くの帯域を使えるように中心周波数や帯域幅を可変にする．

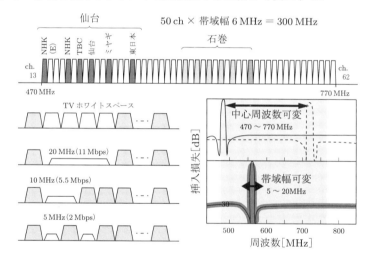

図 2.1 テレビのホワイトスペースを用いたコグニティブ無線

これを携帯情報機器で実現するために提案されている無線システムを図 2.2 に示す．高い周波数に変換した後に帯域幅可変フィルタを通過させることによって，必要な帯域幅を実現できるようにしている．これは携帯情報機器で必要とされる広い帯域幅を実現するフィルタが，高い周波数でないと技術的に実現できないために工夫した方法である．このシステムには帯域幅可変の表面弾性波（SAW（Surface Acoustic Wave））フィルタのほか，LSI 上のマルチ SAW フィ

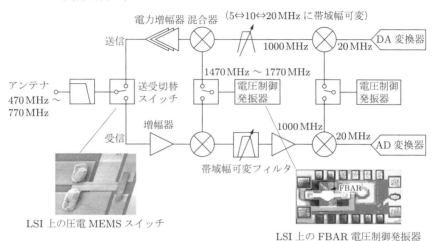

図 2.2 集積回路上に形成した MEMS によるコグニティブ無線システム

ルタや圧電スイッチ，またバルク音響波共振子（FBAR（Film Bulk Acoustic Resonator））を LSI 上に形成した電圧制御発振器（VCO（Voltage Controlled Oscillator））などを開発する必要があり，以下ではこれらの実現のため開発されているヘテロ集積化について説明する．

　コイルを LSI 上に製作したときに，基板との電磁的な結合によるうず電流やコイルの抵抗などで Q 値が低下したり，また寄生容量で自己共振周波数が低下したりする問題がある．コイルの高性能化は，コイルを厚くして基板から離した MEMS コイルによって行うことができる．図 2.3 は，この LSI 上の MEMS コイルを用いた発振器と，その特性や製作工程である[2]．厚膜レジストである SU-8（エポキシ樹脂）に Cu の電気めっきで形成したコイルが埋まった構造である．厚さ 5.5 μm で幅 11 μm のコイルが基板から 50 μm 浮いて形成されている．LSI にはクラップ型発振回路が形成されており，1.2 GHz の発振回路で Q 値は 12 となっており，LSI 上のコイルとしては高い Q 値が得られている．

第2章　次世代携帯機器

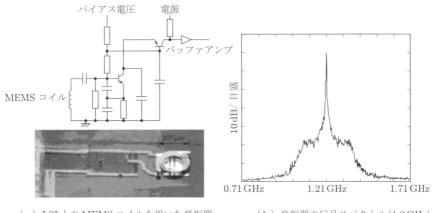

（a）LSI 上の MEMS コイルを用いた発振器　　（b）発振器の信号スペクトル（1.2 GHz）

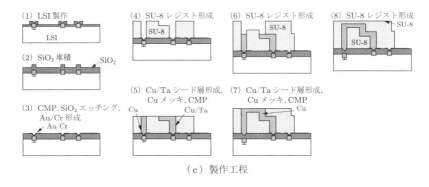

（c）製作工程

図 2.3　LSI 上の MEMS コイルを用いた発振器（パイオニア(株)，東北大学）

2.1.1　AlN 系圧電デバイスと発振器の集積化

図 2.4 はバルク音響波共振子（FBAR）を LSI 上に形成した電圧制御発振器（VCO）である[3]．FBAR は圧電材料である窒化アルミニウム（AlN）の厚み共振を利用したもので，振動の減衰を防ぐため図（a）のように共振子の下に空洞をもつ．図（b）は LSI に形成したピアース発振回路である．AlN は Al をターゲットとして，窒素雰囲気で反応性スパッタリングによって堆積するが，そのときの基板温度は 300 ℃ である．これは LSI を壊さない温度であるため，図（c）のように LSI 上に堆積して製作することができる．図 1.6（a）（p.7）で説明したフィルム転写を用い，工程（2）で厚い Si 支持層に付けた SiO_2 層（Box 層）の

2.1 コグニティブ無線のためのヘテロ集積化

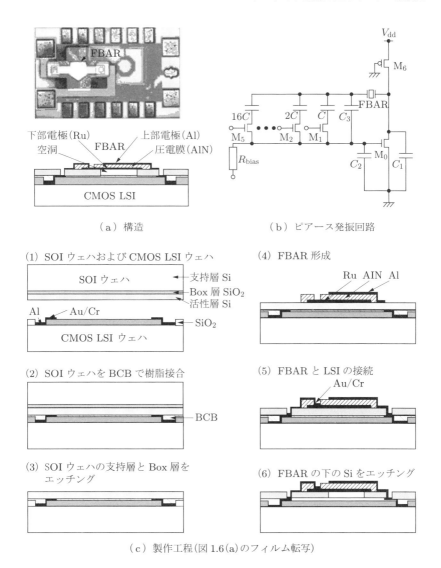

図2.4 バルク音響波共振子 (FBAR) を LSI 上に形成した電圧制御発振器 (VCO)

上に薄い Si 活性層を形成した SOI (Silicon On Insulator) ウェハを，LSI 上に BCB (絶縁膜) で樹脂接合した後，工程(3)のように薄い活性層の Si だけを残して厚い支持層の Si と Box 層の SiO_2 をエッチングして除去する．これに下地電極の Ru (ルテニウム) と AlN および上部電極の Al を堆積して FBAR 構

造を形成し（工程(4)），FBAR と LSI の端子を接続する（工程(5)）．その後，工程(6)で FBAR の下にある Si（SOI ウェハから転写した活性層の Si）をエッチングして除去し完成する．

水晶振動子とは異なり多数の周波数源を 1 チップで実現する目的で，圧電性の AlN を用いたラム（Lamb）波共振子が研究されている[4]．図 2.5(a)のような下地から浮いた両持梁構造で，SiO_2 膜の上に Mo（モリブデン）の下地電極と AlN，および Mo による上部の櫛歯電極（IDT（Inter Digital Transducer））で作られている．IDT と両持梁の端部との間隔は 1/4 波長で，端面反射で共振する．図(b)はその製作工程である．Ge の犠牲層を形成しておいて，最後にそれを硝酸第二セリウムアンモニウム系のエッチング液で除去する．共振子の写真と特性を，それぞれ図(c)，(d)に示す．共振周波数は 617 MHz で Q 値が

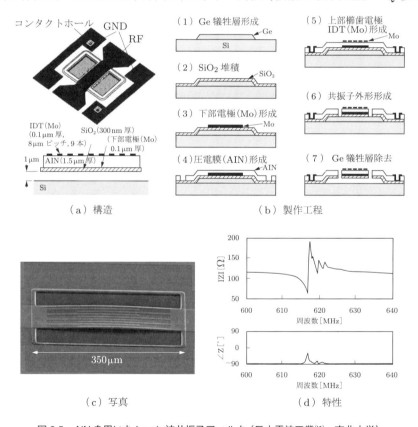

図 2.5　AlN を用いた Lamb 波共振子フィルタ（日本電波工業㈱，東北大学）

1250,電気機械結合係数 0.09 % の特性が得られている.この特性は理論解析によるものに比べて劣っているが,これは端子の静電容量などの影響と考えられる.

圧電材料として AlN に Sc(スカンジウム)を添加した ScAlN($Sc_{0.6}Al_{0.4}N$)を用いると,AlN よりも 5 倍大きな圧電定数を得ることができる.図 2.6 には,ScAlN を用いたラム波共振子の構造と製作工程,および写真と特性を示す[5].図 2.5 のものと同様の基板から浮いた構造で,IDT の反射器をもつ共振子である.最後に共振子の下の Si を XeF_2 ガスでエッチングすることで製作した.共

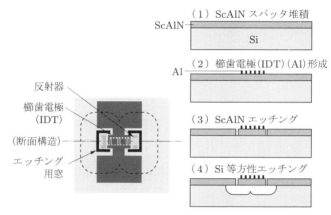

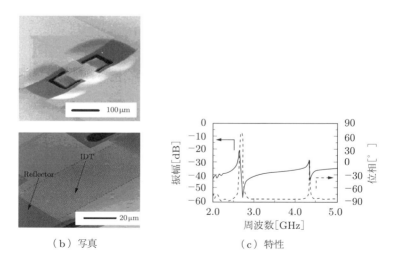

図 2.6 ScAlN を用いたラム(Lamb)波共振子

振周波数は 2.6 GHz, Q 値は 120, 電気機械結合係数 7.4 % となり, 新材料の ScAlN で今後の発展が期待できる優れた特性が得られた. なお, 後の表 4.1 (p.81) で AlN, ScAlN や PZT など, 各種圧電材料の特性を比較する.

▶ 2.1.2 LiNbO$_3$ や LiTaO$_3$ による SAW 共振子の集積化と可変帯域化

ニオブ酸リチウム（LiNbO$_3$）あるいはタンタル酸リチウム（LiTaO$_3$）を用いた表面弾性波（SAW）共振子は, 個別部品のフィルタとして LSI の近くに配置されて携帯情報機器に使われている. 複数の異なる周波数のマルチ SAW 共振子を LSI チップの上に一体化したものを図 2.7 (a) に示してある[6]. この製作

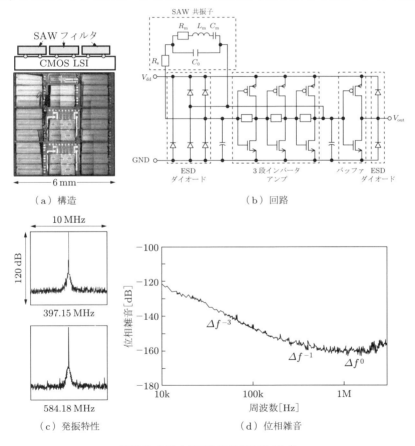

図 2.7　LSI 上のマルチ SAW フィルタ

には，図1.8（p.8）で説明したレーザデボンディングを用いる選択転写を使用している．図（b）のような回路で発振回路を形成したうちの，二つの特性が図（c）である．従来の個別部品の場合と異なり，接続配線の寄生インダクタンスや寄生容量が少ないので位相雑音が減少する（図（d））．

$LiTaO_3$によるSAWフィルタの帯域幅は電気的に変化させることができる．図2.8（a）のようにSAW共振子を直列（Y_{s1}, Y_{s2}）と並列（Y_{p1}, Y_{p2}）に組み合わせ，可変容量素子（バラクタ）をY_{s1}, Y_{s2}に並列（C_{s1}, C_{s2}）に，Y_{p1}, Y_{p2}に直列（C_{p1}, C_{p2}）に接続する．C_sを大きくすると帯域通過フィルタの高域遮断周波数が低下し，C_pを大きくすると帯域通過フィルタの低域遮断周波数が低下するため，帯域幅を変化させることができる．チタン酸バリウムストロンチウム（BST）による強誘電体バラクタを用いた帯域幅可変フィルタが作られている[7][8]．強誘電体バラクタはBSTの誘電率が印加電圧で変化することを利用し，電気的に静電容量を変化させるものである．図（b）のチップ写真にSAW共振子や，BSTによる強誘電体バラクタが見られる．図（c）は帯域幅可変特性，図（d）はこの帯域幅可変フィルタを応用した基板（ボード）である．なお静電アクチュエータを用いた可変容量を用いると，可変容量の占める面積が大きくなってしまう[9]．

図2.8に示した複数のSAWフィルタをもつ基板に，BSTバラクタを転写する工程は図2.9（a）である．サファイア基板上にPt-BST-Pt-Auを堆積し（工程（1）），パターニングした後（工程（2）），転写する部分を剥離（デボンディング）するため，裏面からNd:YVO_4の3倍波（波長355 nm）のレーザを照射する（工程（3））．SAWデバイスの基板上のAuに，BST上のAuをAu-Au接合し（工程（4）），ウェハを分離させるとレーザを照射した部分のBSTがSAWデバイスの基板上に転写される（工程（5））．この後，配線を形成して完成する（工程（6））．図（b）には転写前と転写後のBSTバラクタの特性を示すが，レーザによる剥離（レーザデボンディング）の特性への影響は少ない．

図2.10は，このレーザデボンディングによる転写の実験結果である[10]．図（a）に示すようにレーザパワーを大きくし過ぎて1 W以上ではBSTバラクタは破壊されるが，パワーが0.7〜0.9 Wの範囲では転写できる．図（b）はAu薄膜上に転写されたBSTバラクタである．

第2章　次世代携帯機器

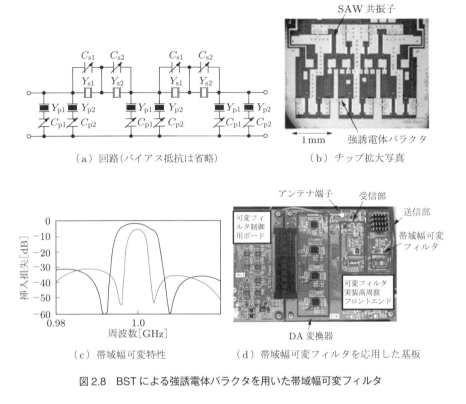

（a）回路（バイアス抵抗は省略）　　（b）チップ拡大写真

（c）帯域幅可変特性　　（d）帯域幅可変フィルタを応用した基板

図2.8　BSTによる強誘電体バラクタを用いた帯域幅可変フィルタ

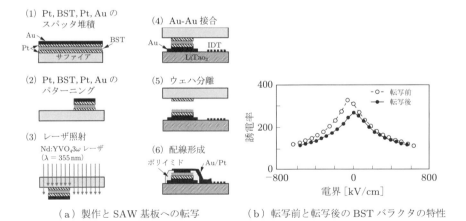

（a）製作とSAW基板への転写　　（b）転写前と転写後のBSTバラクタの特性

図2.9　BSTによる強誘電体バラクタ

2.1 コグニティブ無線のためのヘテロ集積化

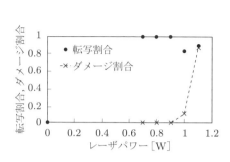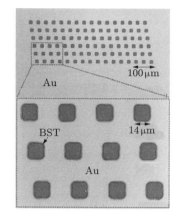

（a）レーザパワーに対する転写特性　　（b）Au 薄膜上に転写された BST バラクタ

図 2.10　レーザデボンディングによる転写

2.1.3　MEMS スイッチ

　圧電材料であるチタン酸ジルコン酸鉛（PZT（Lead Zirconate Titanate））の薄膜を用いた MEMS スイッチを，CMOS LSI 上に形成した圧電 MEMS スイッチの構造と写真を図 2.11（a）に示す[11]．応力による反りを防ぐ目的で，対称なバイモルフ構造の PZT 薄膜を用いている．製作工程は図（b）に示すように，図 1.6（b）で説明したデバイス転写（via-last）によるヘテロ集積化を用いている．まず Si のキャリヤウェハ上に，以下に述べるゾルゲル法による PZT 薄膜と電極によるバイモルフ構造を形成する（工程(1)）．CMOS LSI 上にこれを樹脂接合する（工程(4)）．Si 基板をエッチングして除去し（工程(5)），LSI の端子とスイッチを Au めっきで電気的に接続し（工程(7)），樹脂をエッチングすることによって製作している（工程(8)）．10 V の電圧でバイモルフ構造の先端は 6 μm 変位した．

　アルコキシド系材料によるゾルを加熱などによりゲル状態として，セラミックスなどを合成するのにゾルゲル（Sol-Gel）法が用いられる．PZT 膜をこのゾルゲル法で形成する自動成膜装置を図 2.12 に示す[12]．この装置では原料のアルコレートをスピンコーティングし，乾燥したり熱分解したりすることを自動的に繰り返し，最後に 680 ℃で焼結する．このようにして形成した PZT 膜の断面写

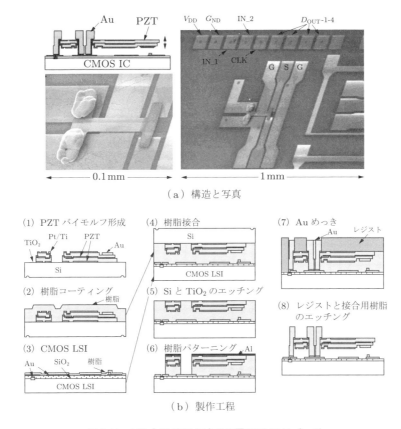

図 2.11 LSI 上の PZT による圧電 MEMS スイッチ

真,分極特性,および X 線回折特性を図 2.13 に示す.

また,図 2.14 に示すように,静電駆動型のナノエレクトロメカニカル(NEM (Nano Electro Mechanical)スイッチ)の開発が進められている[13]. この NEM スイッチは,ソース,ゲート,ドレインの 3 電極からなり,ソース電極につながった幅 130 nm の可動梁(ナノメカニカル構造)が,ゲート電極との静電力によってたわむことで,ドレイン電極との接点を導通させる構造となっている. トランジスタに比べて,高温や高放射線下などでも動作するため,極限環境下での演算素子に利用することが考えられる.図(b)は試作した NEM スイッチであり,Si の微小梁の上に W(タングステン)を堆積した構造をもつ.図(c)に製作工程を示す. W と SiO_2 を堆積してパターン形成後(工程(1)),SiO_2 マ

2.1 コグニティブ無線のためのヘテロ集積化

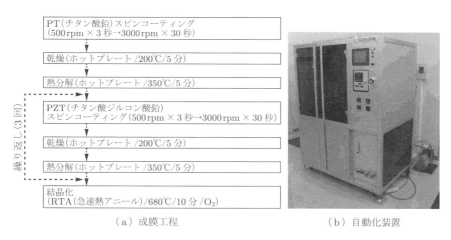

(a) 成膜工程

(b) 自動化装置

(c) 塗布および乾燥・焼成工程

図 2.12 PZT 膜のゾルゲル自動成膜装置

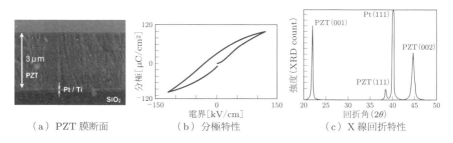

(a) PZT 膜断面 (b) 分極特性 (c) X 線回折特性

図 2.13 ゾルゲル法による PZT 膜

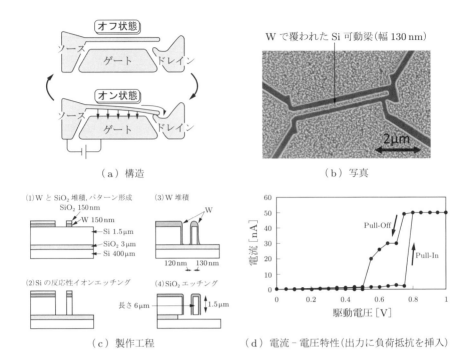

図2.14 静電駆動型ナノエレクトロメカニカルスイッチ

スクを用いてSiを反応性イオンエッチング（RIE）で垂直に加工する（工程(2)）．Wを堆積し（工程(3)），最後にSiO₂をエッチングしてナノメカニカル構造を自立させている（工程(4)）．駆動電極間のギャップを100nm程度に小さくすることで，1V以下の低電圧でスイッチングすることができる．静電力は弱いため導通時のオン抵抗は小さくできないが，オフ抵抗を大きくできるためトランジスタスイッチを小形化したときのリーク電流のような問題はない．

2.2 ユーザインターフェース

2.2.1 加速度センサ・ジャイロ

スマートフォンなどにはユーザインターフェースのため，多くのMEMSが

使われている．加速度センサやジャイロ（角速度センサ）は，おもりへの慣性力を利用して動きを検出でき，ジャイロはカメラの手ぶれ防止などにも使われる．図2.15(a)はエピタキシャル†poly-Si とよばれる技術によって，おもりやばねの構造を形成したものである[1]．この技術では応力が少ない成膜ができるので，15 μm から 60 μm もの厚い膜を堆積してもウェハが反らない[2]．反応性イオンエッチング（RIE）で深くエッチングする Deep RIE の技術と組み合わせると，図(b)のような厚い構造を利用できる．このため慣性力によるおもりの動きを検出するときに，大きな静電容量の変化が得られ，図1.5(b)(p.5)で説明した，パッケージングしたセンサ上に集積回路を外付けした，低コストの加速度センサやジャイロを作ることができる（図(c)）．

静電容量型の加速度センサは，ばねで支えられたおもりが加速度による慣性力で相対的に動くのを静電容量変化で検出する．一方，ジャイロとしては振動ジャイロが使われており，これではおもりを静電引力などで駆動して振動させ，駆動方向と回転軸に垂直な方向に慣性力（コリオリ力）でおもりが動くのを静電容量変化などで検出する．3方向の加速度を検出する3軸加速度センサや，3軸周り

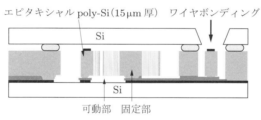

(a) 断面構造

 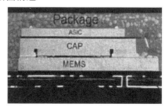

(b) ジャイロのセンサ構造　　(c) 3軸加速度センサ
　　　　　　　　　　　　　　（パッケージングしたセンサ上に集積回路）

図 2.15　エピタキシャル poly-Si を用いた加速度センサやジャイロ
　　　　　（ST Microelectronics 社）

---

†　下地の基板の結晶面にそろえて結晶成長させる方式．

の回転を検出する3軸ジャイロが用いられている．図2.16は3軸振動ジャイロの原理とチップ写真である[3]．チップの4辺近くにある4個のおもりを静電駆動で横方向に振動させる．それぞれの軸周りに回転しておもりが図に示すように動くのを，静電容量変化で検出する．

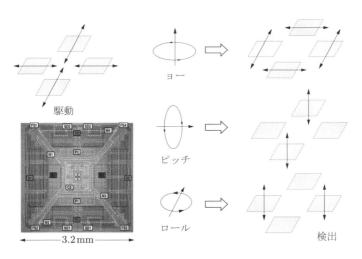

図2.16　3軸振動ジャイロの原理とチップ写真
（ST Microelectronics 社）

　図2.17は，蓋の下面にMEMSを形成したものをLSIにAl-Ge共晶接合した，集積化振動ジャイロである．このように金属で接合しているため，図1.7（p.8）のようなウェハレベルパッケージングで封止した構造の形成と，蓋のLSIとの電気的接続を同時に行うことができる[4]．図2.18には，これによる3軸ジャイロの写真と原理を示している[5]．XYZ軸用のそれぞれのジャイロが隣接して作られている．図(b)のZ軸ジャイロでは静電引力によって二つのおもりを左右軸方向に振動させる．チップが垂直な軸（Z軸）周りに回転したとき，コリオリ力でこれらの軸に垂直な方向（チップの面内方向）におもりが動き，それを櫛歯電極の静電容量変化で検出する．図(c)のX(Y)軸ジャイロでは，チップに垂直な軸の方向に静電引力でおもりを動かし，X(Y)軸周りに回転したときに，コリオリ力でこれらの軸に垂直な方向（チップの面内方向）におもりが動き，これを静電容量変化で検出する．

2.2 ユーザインターフェース

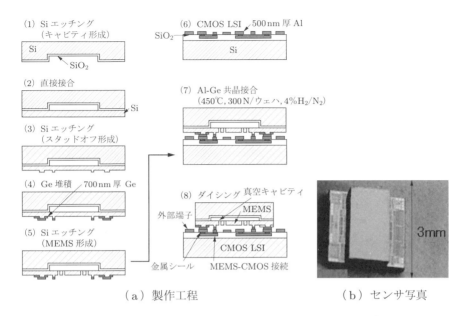

図 2.17 蓋の下面に MEMS を形成し LSI に Al-Ge 共晶接合した集積化振動ジャイロ（Invensense 社）

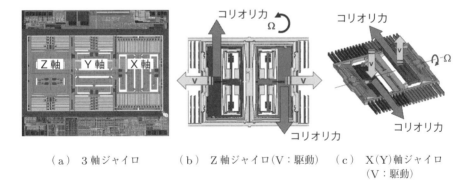

図 2.18 3軸ジャイロ（写真と原理）（Invensense 社）

2.2.2 コンパス

人工衛星からの電波を用いる GPS（Global Positioning System）を用いると地図上で現在の位置を知ることができるが，これに方位の情報を組み合わせると目的地への行き方を探索するナビゲーションが可能になる．方位を知るコンパ

スには,地磁気を検出する磁気センサを用いた電子コンパス(磁気方位センサ)が用いられる.携帯情報機器は必ずしも水平にして用いないため,重力方向を知るための3軸加速度センサを3軸磁気センサと組み合わせて使用し,水平にした状態での地磁気の方向を知る.

図2.19(a)にホール素子の原理を示す.ホール素子とは,チップ面に垂直な磁界を検出しその大きさに比例して,チップ面内の電流に対し垂直な面内方向にホール電圧が生じることを利用したセンサである.

図(b)はこれによる集積化3軸電子コンパスのチップ写真である.図(c)はホール素子によって3軸の磁界を検出する原理を示している.ホール素子の上に高透磁率の磁気収束板の端部を置くことによって,チップに水平方向の磁界の向きを垂直方向にしてホール素子で検出できるようにしている[6].4個のホー

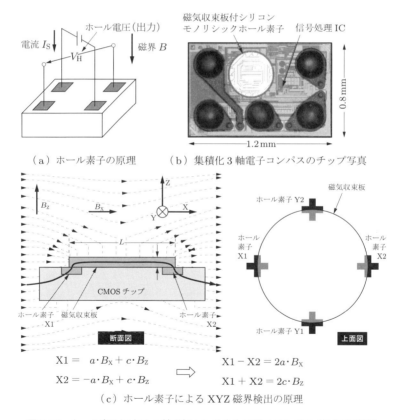

(a) ホール素子の原理　　(b) 集積化3軸電子コンパスのチップ写真

$X1 = a \cdot B_X + c \cdot B_Z$
$X2 = -a \cdot B_X + c \cdot B_Z$

$X1 - X2 = 2a \cdot B_X$
$X1 + X2 = 2c \cdot B_Z$

(c) ホール素子による XYZ 磁界検出の原理

図2.19　ホール素子による3軸磁気センサをもつ電子コンパス(旭化成(株))

素子を用い，図中に示すような演算を行うことによって3軸の磁界を検出することができる．携帯情報機器の中にはスピーカーのような永久磁石や磁性材料をもつ部品が使われている．このため，その影響を受けずに地磁気を検出できるように工夫されている．すなわち携帯情報機器を動かしても内部で発生する磁場は変わらないため，それを利用して補正する．

　ホール素子ではなく，巨大磁気抵抗効果（GMR（Giant Magneto Resistive effect））による図2.20のようなGMR磁気方位センサも用いられている[7]．その原理は図(a)に示すように，固定した内部磁界をもつピンド層と外部磁界に追随して内部磁界が変化するフリー層の二つの強磁性体の層をもっている．垂直方向の磁界でこれらの磁界の向きが平行の場合は，これらの層間の抵抗が小さくなり最大8％程度の抵抗変化を生じる．図(b)のような構造で斜面にGMR素子を配置し，その出力から演算することで水平方向を含む3軸の磁界を検出することができる．

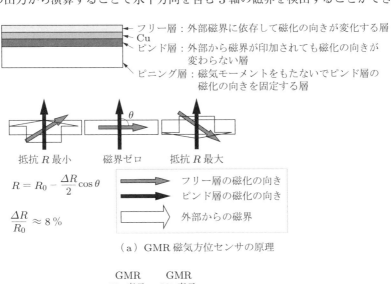

(a) GMR磁気方位センサの原理

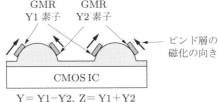

(b) GMR磁気方位センサによるXYZ磁界検出の原理

図2.20　GMRを用いた磁気方位センサ（ヤマハ(株)）

両側の斜面に形成した GMR 素子のピンド層を逆向きに磁化する必要があるため，ウェハの下にチップのピッチで永久磁石を並べて熱処理している．

2.2.3 コンボセンサ

3軸加速度センサ，3軸ジャイロ，3軸電子コンパスを一体化したものは（9軸）コンボセンサとよばれ，図2.21（a）にその構成，図（b）に内部イメージ図と断面写真を示す[6][8]．図2.17 で説明したようにして3軸加速度センサと3軸ジャイロを作り付けた蓋で集積回路をパッケージングしたものを用い，それに集積化3軸電子コンパスが重ねられ，樹脂封止されている．

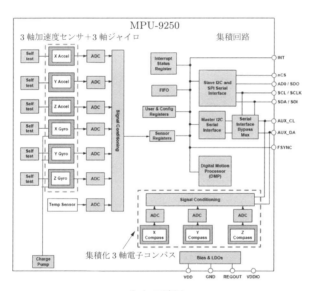

（a）回路図

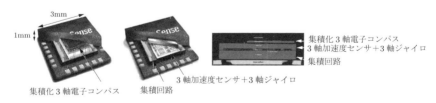

（b）内部イメージ図と断面写真

図 2.21　9 軸コンボセンサ（Invensense 社）

2.2.4 圧力(気圧)センサ

携帯情報機器には，気圧を知るための圧力センサが使われる．この例を図2.22に示す．図(a)は気圧センサの構造で，ピエゾ抵抗をもつダイアフラムの内側が真空に保たれており，図(b)のようにセンサチップはLSIとともにパッケージに入れられている[9]．図(c)は気圧センサを用いて，階段を下りたりエレベータで上がったりしたときの出力である．このように気圧を検出することで建物内でどの階にいるかなどの情報が得られ，インドアナビゲーションなどに利用できる．

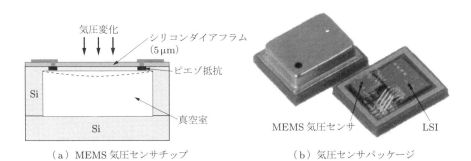

(a) MEMS気圧センサチップ　　(b) 気圧センサパッケージ

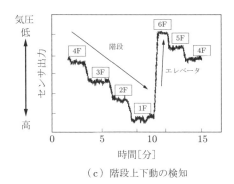

(c) 階段上下動の検知

図2.22　気圧センサ（オムロン(株)）

2.2.5 マイクロフォン

携帯情報機器で複数使われているマイクロフォンはMEMSによるSiマイクロフォンである．これは電話のために音声を入力する指向性マイクロフォンや，

第2章 次世代携帯機器

周辺の音を検知して雑音を除去する無指向性マイクロフォン，ビデオ画像撮影のときに高品質の音を録音する高性能マイクロフォンなどである．低音量用の高感度なものと大音量用のものを組み合わせて，ダイナミックレンジを広げることも行われる．

クラウドを利用して音声認識や翻訳などが行われているが，認識率を上げるには雑音が少ないことなどが要求されるため，高性能化が求められている．なお，携帯情報機器だけでなく，テレビや健康機器など多くの機器がインターネットにつないで使用されるようになっている．このため音声認識を利用し，リモコンを使わずに音声で機器を操作することも増えるため，高性能のSiマイクロフォンの需要は拡大すると予想される．

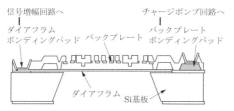
（a）MEMSマイクロフォンチップ断面構造

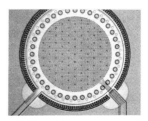
（b）MEMSマイクロフォンチップ写真

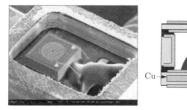
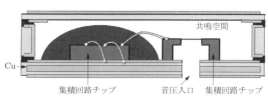
（c）パッケージ（内部写真と断面構造）

（d）外観

図2.23　シリコンマイク（Knowles社）

図 2.23（a）に Si マイクロフォンの断面構造を示す．音圧で動くダイアフラムに対向して，その動きを静電容量変化として検出するバックプレートが配置されており，その間の空気が出るための孔がバックプレートに開けられている．図（b）にチップ写真を示す．図の右下で支えられた片持ち構造のダイアフラムを使用することで，それに応力が加わって感度が変わることを防いでいる．図（c）にパッケージ，図（d）にはその外観を示す[10]．図（c）のように容器内で，LSIとワイヤボンディングで電気的に接続して使用する．Si 基板とダイアフラムの隙間から共鳴空間（基準圧室）に空気が漏れるようにして，ダイアフラムに静的な圧力差が加わらないようにしている．平坦な周波数特性をもたせるには共鳴空間が大きい方が望ましいため，図（c）のようにダイアフラムの下から音圧が印加されるようにしている．この図は周囲の音圧に感じる無指向性マイクロホンであるが，共鳴空間の上側に孔を開けると，上下の圧力差に感じる指向性マイクロフォンとなる．

▶ 2.2.6 ディスプレイ

プロジェクタなどには DMD（Digital Micromirror Device）とよばれる MEMS を用いたミラーアレイなどが光シャッタとして用いられている[11]．4.1 節（p.66）で述べる光スキャナに，RGB の LED や半導体レーザを組み合わせた，モバイルプロジェクタの開発も行われている[12]．これは光源をオンオフしながら光をスキャンするもので，光シャッタの場合とは異なり光を出さないときは電気を使わないため低消費電力であり，また焦点合わせの必要もない．

図 2.24 は携帯情報機器用の MEMS ディスプレイの原理である．光シャッタと駆動用の薄膜トランジスタ（TFT（Thin Film Transistor））回路を配列さ

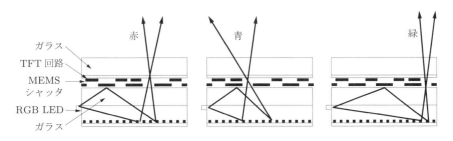

図 2.24　MEMS ディスプレイの原理（Pixtronics 社）

せたアクティブマトリックスのシャッタアレイを通し，RGB を交互に点灯した LED のバックライト光を透過させる[13]．このため 100 μm ピッチで MEMS シャッタがアレイ状に配置してある．液晶ディスプレイと異なり，バックライトの光をカラーフィルタや偏光板を通す必要がないため，光の損失が少なく省電力にできる．

2.3 携帯機器用電源

携帯情報機器などでは充電式が多いが，充電を意識せずに使えるようにするための電源が求められている．これには太陽電池もあるが，動きや温度差などで発電するエネルギーハーベストが研究されている．このほかアルコールなどを用いた燃料電池も利用できる．

以下では，固体電解質（SOFC（Solid Oxide Fuel Cell））による燃料電池を小形化して携帯機器に用いる μ-SOFC の研究について述べる．これでは数百℃の温度を必要とするが，炭化水素系の各種の燃料が利用でき，また出力密度が大きいため小形化することができる．固体電解質としては，酸素イオン伝導体である YSZ（Yttrium Stabilized Zirconia（$Y_2O_3 + ZrO_3$））や，プロトン伝導体である BZY（Yttrium-doped Barium Zirconate（$Y_2O_3 + BaZrO_3$））が用いられる．前者は 750℃ と高温になるが，後者の BZY では 300〜400℃ 程度である．μ-SOFC では初期加熱して動作させた後は自己発熱で作動温度になる．MEMS によるマイクロヒータを形成した薄い BZY を用いる μ-SOFC では，短時間で作動できる[1][2]．

図 2.25（a）にその構造と上面写真を示す．15 モル％の Y_2O_3 を含む BZY（BZY15）の固体電解質膜の厚さは 200 nm で，その両側に厚さ 100 nm の Pt-Pd（8:2）膜を形成してあり，開口部の周囲を Pt のマイクロヒータで囲んである．これをチップに多数並べてある．図（b）はその製作工程で，BZY はパルスレーザ蒸着（PLD（Pulsed Laser Deposition））で堆積している．水蒸気を含む水素を燃料として 0.14 W/cm^2 の出力が得られている．

μ-SOFC を携帯情報機器で使用するには，断熱する必要があり，その容器と断熱特性を図 2.26 に示す[3][4]．図（a）のように真空断熱し，接続部は冷却媒

2.3 携帯機器用電源

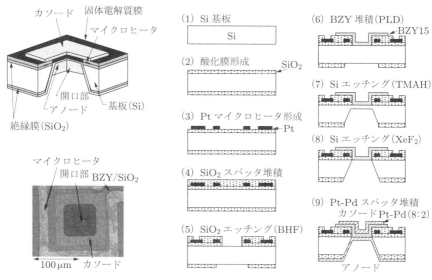

図 2.25 マイクロヒータを形成したマイクロ固体電解質燃料電池（μ-SOFC）

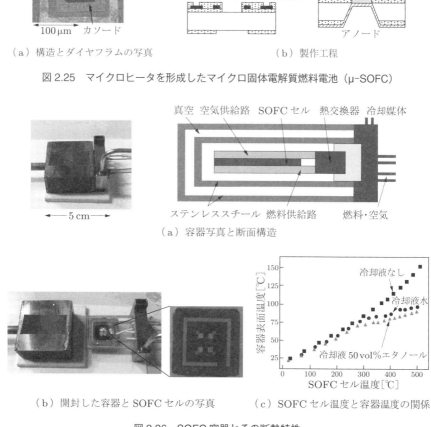

図 2.26 SOFC 容器とその断熱特性

体で冷やしている．図(b)は開封した容器とμ-SOFCセルの写真，図(c)はSOFCセルの温度と容器表面温度の関係である．BZYによるμ-SOFCの作動温度（400℃）で容器表面温度は100℃程度に保たれている．

　SOFC膜を極薄膜として形成できれば，出力密度を上げることができる．この目的でAl_2O_3とその上のBZYを原子層堆積（ALD（Atomic Layer Deposition））する装置を製作した[5]．図2.27(a)ではAl_2O_3の例でALDの原理を説明している．トリメチルアルミニウム（TMA（$Al(CH_3)_3$）と水（H_2O）を交互に吸着させ，熱的に分解させることによって，原子を一層ずつ堆積させる．SiO_2上にAl_2O_3とBZYをALDで形成した膜の，深さ方向の組成分析を，二次イオン質量分析法（SIMS（Secondary Ion Mass Spectrometry））で行ったものを図(b)に示す．このBZYの堆積に用いた原料は，図(c)のようなものである．

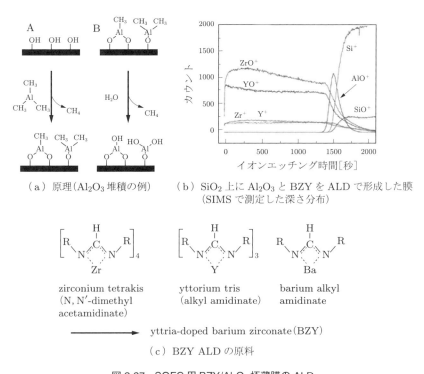

（a）原理（Al_2O_3堆積の例）　（b）SiO_2上にAl_2O_3とBZYをALDで形成した膜（SIMSで測定した深さ分布）

zirconium tetrakis (N, N'-dimethyl acetamidinate)　yttorium tris (alkyl amidinate)　barium alkyl amidinate

⟶　yttria-doped barium zirconate（BZY）

（c）BZY ALDの原料

図2.27　SOFC用BZY/Al_2O_3極薄膜のALD

図2.28は，このAl_2O_3とBZYのALD装置である．図（a）はシステム構成で，上部はBZYに用いるALDの原料（図2.27（c））を交互に供給する配管系，下部はAl_2O_3に用いるTMAと水を供給する系で，右側の炉に各ガスが供給される．図（b）にはALD装置の写真を示してある．

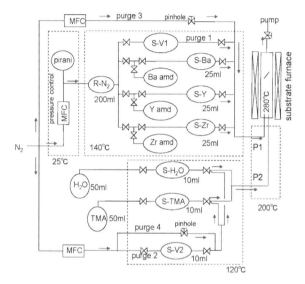

（a） システム構成

（b） 写真

図2.28 BZY/Al_2O_3のALD装置

第3章

センサネットワーク・高機能センサ

　この章では，安全確保などのために用いられるセンサに通信機能を搭載したセンサネットワークや高機能センサについて述べる．複数のセンサを共通線に接続した有線センサとして，体表に触覚センサを配置して接触を知る触覚センサネットワーク，橋や建物などの安全性を監視する構造物ヘルスモニタリングを紹介する．地下深部の高温環境などでの過酷環境センサ，回転体などの動いているものからセンシングする無線センサにも触れる．高機能センサの例として赤外線センサを取り上げ，人からの赤外線を検知する熱型赤外線センサ，およびガスによる赤外線吸収を計測する環境ガスモニタについて述べる．

第3章 センサネットワーク・高機能センサ

3.1 有線センサ

3.1.1 触覚センサネットワーク

　人と接触する介護ロボットには，安全のため体表に多数の触覚センサが配置されていることが望まれる．この目的で開発されている触覚センサネットワークの写真と使用例を図3.1に示す[1]．図（a）のように共通線にセンサノード（触覚センサ）が複数接続されている．これをロボットの手へ装着した例が図（b）であり，図（c），（d）のようにネットワーク化して使用される．共通線は後の図3.6（p.49）で説明するリレーノードに接続され，USB信号としてハブを介してホストノードにあるコンピュータの中央処理装置（CPU（Central Processing Unit））に接続される．

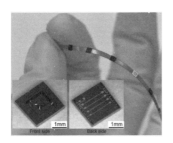

（a）共通線に接続されたセンサ
　　ノード（触覚センサ）

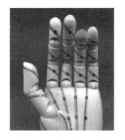

（b）ロボットの手先
　　への装着例

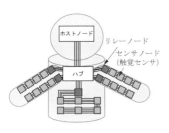

（c）体表に多数の触覚センサ
　　を配置したロボット

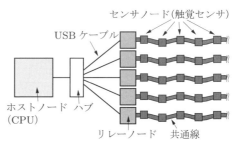

（d）触覚センサネットワーク
　　の構成

図3.1　触覚センサネットワークとその使用例

3.1 有線センサ

図3.2は同じような目的で1990年頃に製作した，共通2線式触覚センサアレイである[2]．図(a)のように2本の共通線に複数の触覚センサが接続されている．共通線は電源供給だけでなく，一つの触覚センサを選択して動作させて，その信号を電源電流の変化として検出するものである．図(b)，(c)にはその断面構造と回路を示してあるが，MOSトランジスタを用いた力センサとCMOS回路によるセンシングユニットが，制御ユニットからの駆動信号で動作する．図(d)

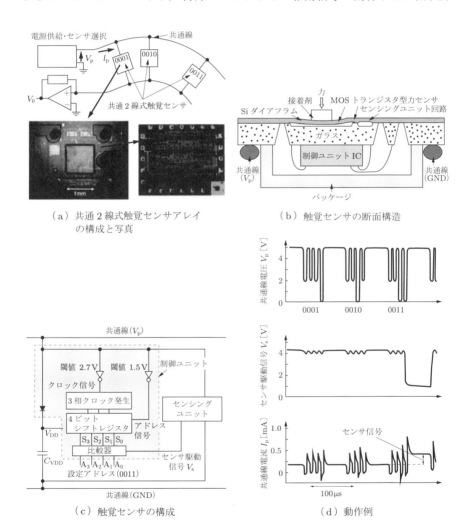

図3.2 共通2線式触覚センサアレイ

はその動作例であるが，共通線電圧を一番上の図のように変化させると，それからアドレス信号とクロック信号を取り出すことができる．図(c)の回路でアドレス信号（この場合0011）をシフトレジスタに入れて，センサに設定されたアドレスと一致すると，センサ駆動信号V_sがセンシングユニットを動かし，センサが受けている力に対応して共通線電流I_pが変化する．このシステムはリード線の数を減らせる利点があるが，センサを順次動作させる方式であるために，接触があったのを即時に知るのには適していない．当時研究室で製作できるCMOS集積回路のトランジスタ数はチップ上に1000個ほどで限界があり，このような方式を採用した．

これに対して安全な介護ロボットが実際に役立つためには，人間の皮膚における触覚のように，接触したことで即時に検知動作が始まるイベントドリブン（割り込み）式にする必要がある．そのため図3.1に示したように，共通配線に接続したセンサノードを体表に多数配置し，高速パケット通信を行い，リレーノードで集めた情報をホストノードのCPU（コンピュータ）へ送るシステムを開発した．インターネットなどと同様に即時動作するシステムで，共通線での信号衝突への対策などで複雑になる．この触覚センサでは，力を感じると静電容量が変化し，集積回路が共通線にディジタル信号を送って，どの場所のセンサがどのような力を感じたかを即時に感知できる．このようなLSIとの融合で，高度なLSI技術を活用できれば，今までにない有用なシステムを実現できる．そのためには多くの課題を解決していく必要があり，それはMEMS技術を役立たせるのに重要なことである．これについて改めて第7章で議論する．

図3.3は触覚センサの構造と製作工程である[3]．接触によってセンサのダイアフラムが変形するのを静電容量（センサ容量）の変化として，CMOS LSIで検出する．CMOS LSIに形成した貫通配線によって裏面で共通線（2本の電源線と2本の通信線）につながる．図で製作法を説明する．工程(1)から工程(3)で貫通配線を形成した後，工程(4)で樹脂のベンゾシクロブテン（BCB）をコーティングする．工程(5)でBCBの上にセンサ容量を検出するためのキャパシタ電極をAlで形成し，工程(6)でこのLSIウェハにMEMSウェハを接合する．MEMSとLSIのウェハレベルの樹脂接合には，BCBを用いている．BCBは耐薬品性があり，150℃程で粘性が低下するため表面の凹凸があっても接合可能である．次に工程(7)に示すようにLSIの裏面を研磨して貫通配線の端子（I/

I/Oパッド）を露出させる．工程(8)で裏面にBCBをコーティングし，工程(9)でBCBとI/OパッドのSiO$_2$をエッチングして貫通配線を露出させる．最後に工程(10)で共通線に繋がる裏面の端子（パッド）をTiとその上のAuで形成する．

このセンサノード（触覚センサ）の大きさは図3.4に示すように2.5 mm角である．MEMSによるセンサ容量の変化が決められた閾値を超えると，容量を

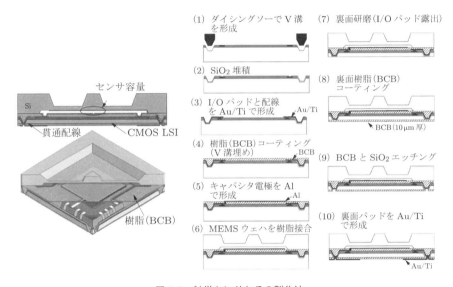

図3.3　触覚センサとその製作法

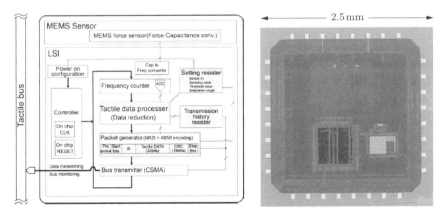

図3.4　センサノード（触覚センサ）用LSI

ディジタル信号にしてセンサのアドレス情報とともにパケット信号として共通線に送出する．このほかいろいろな機能をもち，共通線から設定信号をダウンロードしたり，共通線上でのパケット信号の衝突を回避するため信号送出前に共通線に他の信号がないことを確かめたりすることができる．

図 3.5 には共通線での高速パケット通信，および接触力とディジタル出力の関係を示してある．センサからの力情報を 45 MHz で高速に通信することができ

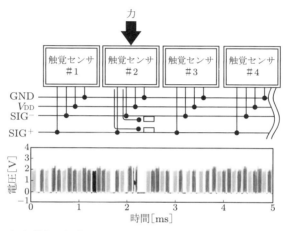

(a) 複数の触覚センサが接続された共通線における通信例

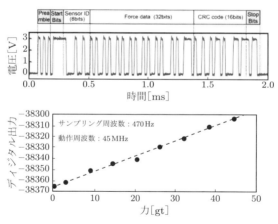

(b) 高速パケット通信の電圧波形(上)，および
接触した力とディジタル出力の関係(下)

図 3.5 共通線での高速パケット通信，および接触力とディジタル出力の関係

る[4].図（a）は複数の触覚センサが接続された共通線における通信例，図（b）は高速パケット通信の電圧波形（上），および接触した力とディジタル出力の関係（下）を示してある.

図3.6に示すように共通線はリレーノードにつながり，FPGA（Field Programmable Gate Array）によるリレーノードから，USBでホストノードのCPUへ情報が送られる．非同期のパケット通信信号を読み取るためのクロック信号が必要で，オーバーサンプリングクロックデータリカバリ回路を開発し用いている．なお，このセンサノードは複数のセンサ容量をもつ3軸触覚センサ，あるいは継続して力が加わっている場合にデータ送出の間隔が長くなる，生物の適応に相当する機能を入れたものなどにも発展している[4].

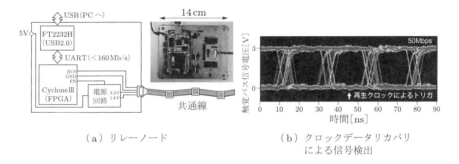

（a）リレーノード　　　（b）クロックデータリカバリによる信号検出

図3.6　リレーノードにおける高速非同期信号の検出

3.1.2　橋・建物のヘルスモニタリング

地震などに対して建物や橋などの安全性を確保するには，その振動をモニターする必要がある．図3.7は，橋の振動観測のための2線式加速度センサネットワークである[5]．加速度（振動）センサが橋の複数個所に設置してあり，各場所の振動を図（a）のようにセンサノードからの共通線を通して計測する．図（b）のようなセンサノードが共通線に接続されている．図（c）はこれに用いた加速度（振動）センサで，圧電膜であるAlNを用いている．図（d）は，橋脚に敷設されたそれぞれの加速度センサネットワークから得られた波形で，トラックの通過による振動が観測されている．長期で橋が劣化する様子を知ることで，崩壊などの危険を予知することができるが，これにはセンサやネットワークの長期信頼性が課題になる．

第3章 センサネットワーク・高機能センサ

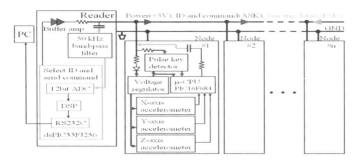

（a）橋の振動計測に用いる2線式センサシステム

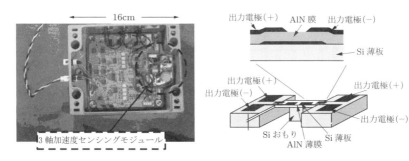

（b）センサノード　　　　　　（c）圧電膜(AlN)による
　　　　　　　　　　　　　　　　　加速度センサ

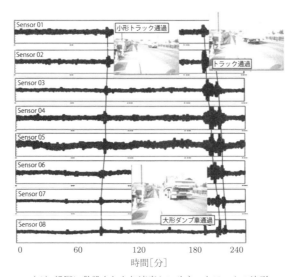

（d）橋脚に敷設された加速度センサネットワークの波形

図3.7　橋の振動観測のための2線式加速度センサネットワーク

3.1 有線センサ

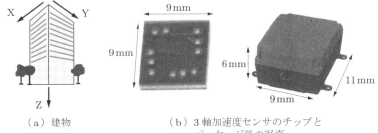

(a) 建物 　　　　　(b) 3軸加速度センサのチップと
　　　　　　　　　　パッケージ後の写真

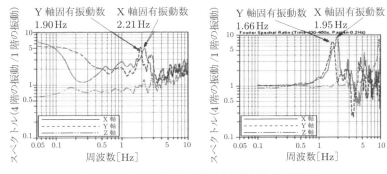

(c) 3.11 東日本大震災の前(左)と後(右)の共振特性

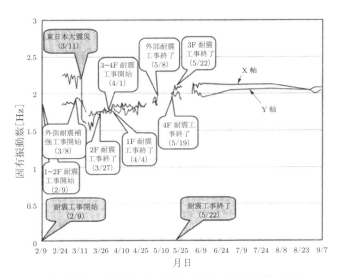

(d) 地震前と地震後および耐震工事後の固有振動数の変化

図 3.8　建物に 3 軸 MEMS 加速度センサを取り付けた構造物ヘルスモニタリング（富士電機(株)）

建物の振動をモニタする，構造物ヘルスモニタリングの例を図 3.8 に示す[6]．図(a)の建物に図(b)のような高感度の 3 軸 MEMS 加速度センサを取り付けた．図(c)は東日本大震災の前後における共振特性を示す．地震後の建物に生じた亀裂により固有振動数が低下していることがわかる．これを補修することで，図(d)のように固有振動数が回復している．

3.1.3 過酷環境でのセンシング

地下深部からの地熱開発のためには，高温という過酷環境で計測できる必要がある．図 3.9(a)は加速度などを測る容量型センサに用いる SiC によるダイオードブリッジ回路である[7]．地上から交流信号 V_s が，結合コンデンサ C_c を通して

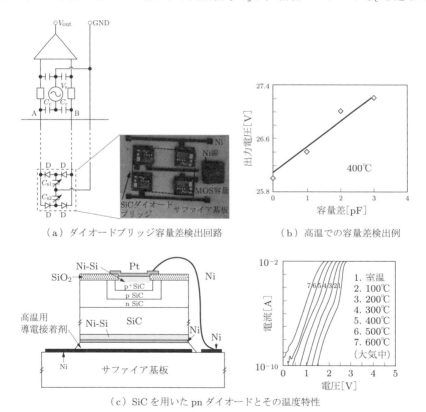

(a) ダイオードブリッジ容量差検出回路　　(b) 高温での容量差検出例

(c) SiC を用いた pn ダイオードとその温度特性

図 3.9　高温で容量型センサに用いる SiC によるダイオードブリッジ回路

ABの2本の線で送られる．ダイオードDを通してセンサ容量C_{s1}とC_{s2}に充放電したとき，C_{s1}とC_{s2}の容量差に対応した直流電圧成分がC_cに現れるので，これから図(b)のように400℃の高温で出力電圧V_{out}が得られる．ダイオードDにはSiCを用いたpnダイオードを使用しており，図(c)のように電極にPtを用いることによって600℃までの耐熱性をもつ．ダイオードDを取り付けるには，高温用導電接着材（Pyro-Duct 597-A, Aremco Product, USA）を用い，Ni線でワイヤボンディングする．

3.2 無線センサ

動いているものからのセンシングにはワイヤレス（無線）化が求められる．図3.10は，図(a)のような旋盤で回転している加工物（ワーク）の把持力をモニター

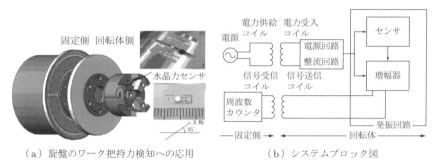

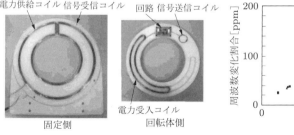

(a) 旋盤のワーク把持力検知への応用　　(b) システムブロック図

(c) トランス結合による電力供給と信号伝送　　(d) 把持力と周波数変化割合（発振周波数 13 MHz）

図3.10　回転体用ワイヤレス力センサ（東北大学 － ㈱北川鉄工所）

し，安全に加工するために開発されたワイヤレス力センサである．水晶振動子への応力で共振周波数が変化するのを利用している．図(b)のように，回転体側のセンサにトランス結合することで，電力を供給したり信号を読み出したりしている．図(c)はトランス結合のための固定側と回転体側のコイルである．図(d)には把持力と周波数変化の関係を示してあるが，水晶のX軸に対して30度の角度で力を印加するように装着することで感度の温度依存性をなくすることができる．

図3.11は建物などの構造物に取り付けてその歪みをモニターする，ワイヤレスセンサである[1]．表面弾性波(SAW)素子の共振周波数が歪みで変化することを利用している．これはセンサノードに電池を用いたシステムである．図(a)はそのシステム構成で，そのセンサノードではセンシング用SAW歪みセンサとリファ

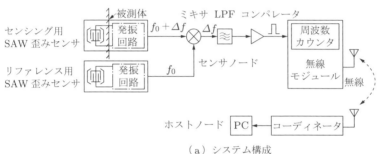

(a) システム構成

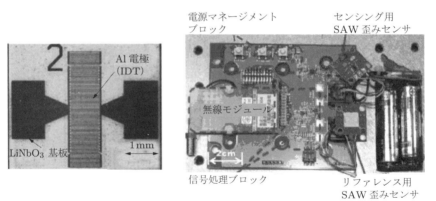

(b) SAW歪みセンサ　　　(c) センサノードの外観

図3.11　構造物ヘルスモニタリングのためのワイヤレス表面弾性波(SAW)歪みセンサ

レンス用 SAW 歪みセンサからの発振周波数の差を無線でホストノードに送るようになっている．図（b）は SAW 歪みセンサの写真でニオブ酸リチウム（LiNbO$_3$）基板上に Al の櫛歯電極（IDT）が形成されている．図（c）はセンサノードの外観の写真である．

これに対してパッシブワイヤレスセンサとして，電池なしで使えるシステムとすることもできる．圧電材料であるニオブ酸リチウム（LiNbO$_3$）基板に櫛歯電極を形成したもので，マイクロ波などによる駆動信号をアンテナで受信すると表面弾性波（SAW）が生じ，これが反射器で反射されアンテナからマイクロ波の応答信号を逆に送信するもので，トランスポンダとよばれる．圧力で変形するダイアフラムをニオブ酸リチウム基板に形成し，その上を伝播して反射される表面弾性波の遅延時間が圧力で変化することを用いて圧力を知る．タイヤ圧モニタが開発されている[2]．SAW パッシブワイヤレスセンサには，以下のような周波数変調波による検出システムを用いる．マイクロ波の 2.45 GHz を用い，その近傍で周波数を繰り返し掃引（チャープ）した電波を SAW パッシブワイヤレスセンサに向けて送信すると，センシング量に対応したある遅延時間で電波が戻ってくる．戻ってきた電波を受信し，その時点で送られている電波との積から両周波数の差を求める．周波数は掃引されているため周波数差は遅延時間に対応し，これからセンシング量を知ることができる．これは動物のコウモリが暗い洞窟内を飛ぶときと同様の原理による．すなわち，コウモリの鳴き声は周波数が高い方から低い方へ掃引されており，洞窟の壁で反射してきた鳴き声はその時点での鳴き声と重なってうなり（差の周波数）を生じる．これから洞窟の壁までの距離がわかり壁に衝突しないで飛ぶことができる．なお，複数の SAW パッシブワイヤレスセンサで，表面弾性波の反射位置を変えて遅延時間がそれぞれ異なるようにしておけば，多チャンネル化も可能になる．

同じ表面弾性波（SAW）を用いたパッシブワイヤレスセンサで，SAW センサを共振させて使用する方式を図 3.12 に示す[3]．共振周波数の温度依存性を用いれば各 SAW センサの温度を知ることができる．これでは図（a）のように複数の SAW センサを並列に接続しておき，位相検波器と電圧制御発振器（VCO）で構成した PLL（Phase Locked Loop）回路でそれぞれの SAW センサの共振周波数を追随し計測する方式である．図（b）は二つの SAW センサの写真である．図（c）には，二つの SAW センサからの信号 A を図（a）の回路に

よって信号B，Cに分離し，それぞれの共振周波数を分離して測定できるようにした結果（周波数スペクトル）を示している．

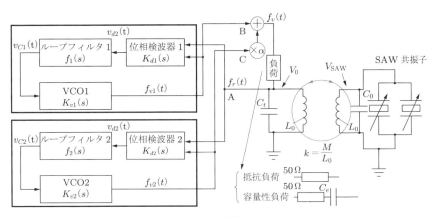

（a）回路構成

（b）SAWセンサの写真

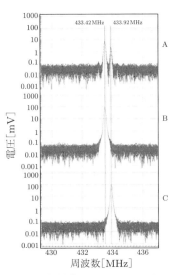

（c）位相検波による二つセンサの共振の分離

図3.12　複数のSAWセンサを用いたパッシブワイヤレスセンシング

3.3 熱型赤外線センサ

赤外線センサは,人が来たことを検知する人感センサ,耳の中からの赤外線で即時に体温を測る鼓膜体温計のような放射温度計(非接触温度センサ)などとして広く使われている.赤外光吸収体の温度上昇を検出する構造をMEMSで実現すると,熱絶縁や低熱容量化ができるため高感度で応答の速い熱型赤外線センサを作ることができる.

図3.13はレンズ一体型超小形非接触温度センサである[1].温度の検出にはサーモパイルが用いられており,回路も集積化されている.サーモパイルとは,赤外線を吸収して温度が上昇する吸熱板と周辺部((図3.13(c)のBとA))を梁上の複数の熱電対でつなぎ,それを直列にして感度が大きくなるようにしたものである.

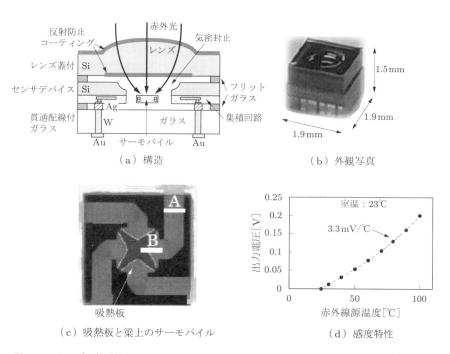

図3.13 レンズ一体型超小形非接触温度センサ(集積化サーモパイル赤外線センサ)((株)リコー)

多数の画素をアレイ化して回路も集積化した熱型赤外線イメージャが暗視装置などに使われている．低コスト化が進めば，プライバシーを侵害しない，トイレでの転倒見守りなども可能になると期待されている．

このような目的で開発されている蛍光型感温塗料を用いた熱型赤外線イメージャを図 3.14 に示す[2]．図（a）はその原理である．蛍光型感温塗料である Eu(TTA)$_3$（europium(Ⅲ) thenoyltrifluoroacetone）を用い，赤外線による温度上昇で蛍光の強度が減少するのを可視光用のイメージャで検出する．すなわち赤外線を

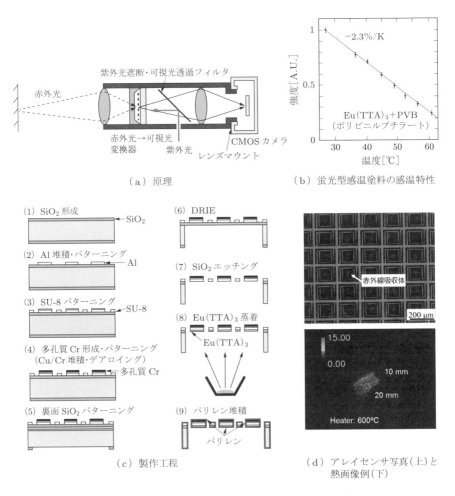

図 3.14 蛍光型感温塗料を用いた熱型赤外線イメージャ

可視光に変換して測定するので，携帯情報機器などに使われている CMOS カメラなどにアダプタとして取り付けて使用することができる．図(b)には，蛍光型感温塗料の蛍光強度の温度依存性を示す．図(c)は画素に感温塗料をもつセンサアレイの製作工程であるが，この工程(4)で赤外線を吸収するための多孔質 Cr 膜を形成し，工程(6)で基板の Si をエッチングで除去した後，工程(8)で Eu(TTA)$_3$ を蒸着してある．このセンサアレイの写真と熱画像の例を図(d)に示してある．なお Eu(TTA)$_3$ を蒸着せずにレジスト(SU-8)に混合することによって，光でパターニングすることも可能になっている[3]．この技術は高解像度熱型赤外線イメージャの実現につながる．

3.4 環境ガス分析

二酸化炭素などの温暖化ガスや工場などのからの漏洩ガスなどの環境ガスモニタリングのためには，小形化したセンサを複数用いた計測システムが必要とされる．このための赤外線センサや分析装置の開発が進められている．図 3.15 は，

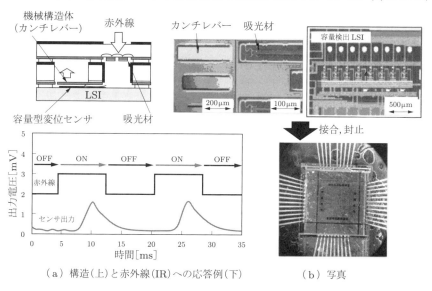

図 3.15　ゴーレイセル型集積化赤外線センサアレイ

赤外線を吸収して気体が膨張する原理によるゴーレイセル型の赤外線センサアレイをLSI上に集積化したもので，広い波長帯域の赤外線を検出できる特徴をもつ[1]．図(a)に示すように吸光材に赤外線が照射されると，生じた熱のためその周囲のガスが熱膨張する．このガスの膨張は，細い流路で接続された隣のキャビティに形成した機械構造体を駆動し，その変位は集積化したLSIを用いた容量型変位センサで検出される．この容量検出には，スイッチトキャパシタ回路を用いている．また，機械構造体は厚さが0.1 μmのSiのカンチレバー（片持ち梁）からなっている．熱型センサは，一般にはその応答速度がデバイスの熱容量によって制限されるが，図(a)に示すように，素子の小形化により5 ms程度の比較的高速な応答速度が得られている．この1次元アレイを回折格子と組み合わせることで，分光が可能になる．

フーリエ変換型赤外分光光度計（FTIR（Fourier Transform Infrared Spectroscopy））を小形化することができる[2][3]．図3.16(a)，(b)は，Siの微細加工技術により作製したマイクロ化FTIRの原理と約8 mm角のマイクロ干渉計の写真である．光のビームを二つの経路に分割し，反射させて再び合流させることで干渉させるマイケルソン干渉計を用いている．その分解能はミラーの移動距離の逆数に比例するため，分解能を高くするには駆動距離を大きくする必要があるが，小形化すると必然的に駆動距離を大きくとることが難しい．このマイクロ干渉計では，光が来た方向に反射されるコーナーキューブミラーを二つ用い，これらを同時に静電櫛歯型アクチュエータで動かすことで駆動距離を稼いでいる．また容量型の変位センサを内蔵させてミラーの変位を測定する．図(c)に示したように，Siの干渉計構造をガラスの上に製作し，別に製作したマイクロコーナーキューブミラーを乗せたあとで，構造体を支持している支持部をYAGレーザでエッチングして自立構造を形成している．最大で400 μm程度の駆動距離が得られ，理論的な分解能は約16 cm^{-1}が見込まれる．図(d)は，大気を分析した例であり，空気中の二酸化炭素や水分の吸収が観測できる．

図3.15に示した干渉計と組み合わせて赤外分光を可能にするために，小形高感度の焦電型赤外線センサも開発している[4]．図3.17(a)にそのセンサ構造を示す．中央部の焦電体（PZT）を熱伝導率が小さなSiO$_2$膜で支持し，熱絶縁性能を良くして温度を高め，高感度化している．Siを熱酸化してSiO$_2$膜を形成しているが，SiO$_2$膜の大きな圧縮応力を解放するため，図(a)に示したように，

3.4 環境ガス分析

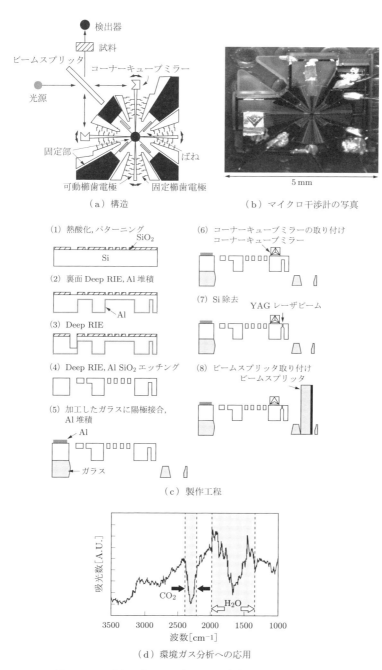

図3.16 マイクロ化FTIR（フーリエ変換型赤外分光光度計）

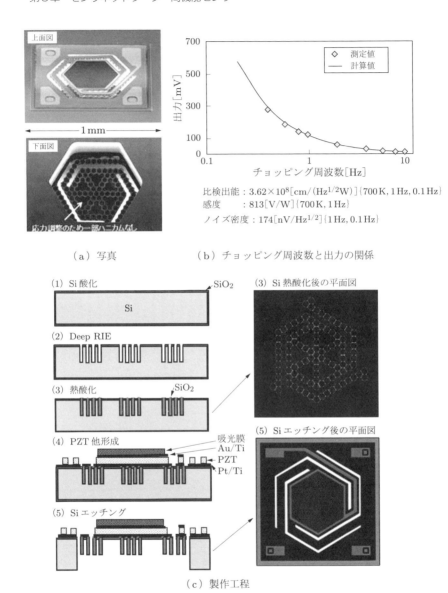

図 3.17 赤外分光検出器用焦電センサ

ハニカム構造にしている．赤外光をオンオフするチョッピング周波数と出力の関係を図（b）に示す．図（c）はその製作工程である．

これらのシステムを利用したヘルスケアモニタリング用センサのテストも

行っている.図3.18(a)に示したように,楕円型のATR(Attenuated Total Reflection:全反射減衰)用Siプリズム)を開発した.このSiプリズムの片側に赤外光源を配置し,分光器を通した赤外光をATRプリズム内で多重全反射させ,焦電センサで検出する.プリズム表面に指を押し当てると,内部反射する時に表面で赤外光を吸収するため,指の表面を分光分析できる.測定されたスペクトルを図(b)に示してあるが,指の表面にあるコレステロール(皮脂や汗)などの吸収が見られている.

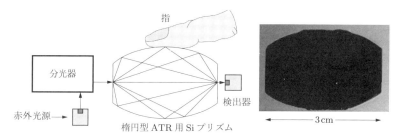

(a)原理とSiプリズムの写真

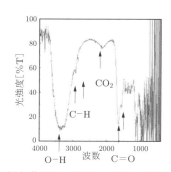

(b)指表面の皮脂および汗の測定例

図3.18 赤外分光のATR測定への応用

第 4 章

光マイクロシステム

　本章では，光を制御する光スキャナと，光ファイバや光導波路の切替えに用いる光スイッチを取り上げる．光スキャナでは，回転角検出機構の付いたもの，大きく偏向させる非共振型，および可変焦点やLED搭載などの高機能光スキャナを紹介する．また，圧電薄膜の研究とそれを用いた圧電光スキャナについて述べる．その応用例として，圧電光スキャナによる医療用光干渉断層撮影（OCT）を紹介する．このほか光多重通信用の光スイッチをLSI上に形成した，集積化可動グレーティングミラーについて述べる．

第4章 光マイクロシステム

4.1 光スキャナ

4.1.1 高機能光スキャナ

　光を偏向させて画像センシングやディスプレイを行うのに,トーションバー(細いねじりばね)でミラーを支え,その向きを変える光スキャナが用いられる.図4.1は櫛歯構造の静電アクチュエータで駆動する光スキャナで,このトーションバーにはピエゾ抵抗のせん断ゲージが組み込まれている[1].このため,図(b)のグラフのように偏向角をセンシングしてフィードバック制御することができる.原理図や写真に示すように,せん断ゲージにバイアス電流を流して使用する.トーションバーがねじれてせん断力が加わると,電流の向きと直角方向に電圧(せん断ゲージ出力 V_{out})が生じ,これはトーションバーから横に伸びて折り返されたSiの細いばねを通して検出される.

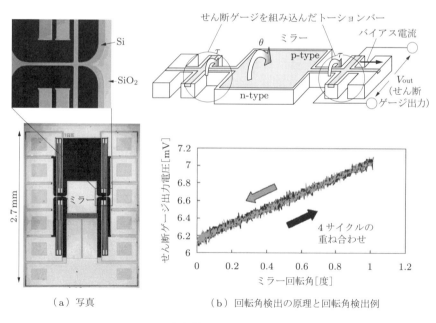

(a) 写真　　　(b) 回転角検出の原理と回転角検出例

図4.1　回転角検出機能付静電光スキャナ

4.1 光スキャナ

　大きく光を偏向させるのに特定の周波数での共振を利用できるが，駆動力が大きい場合には非共振で自由に動かすことができる．図4.2に非共振で大きな偏向角をもつ2軸電磁光スキャナを示す[2]．図(a)はその構造と写真であり，ジンバル構造で支えられたミラーを電磁力で2方向に動かす．右側の写真のように，非共振で動かせるため，ある方向に向けたままにすることもできる．図(b)はその駆動原理である．ミラーに取り付けた永久磁石が外部の電磁石による磁界で動かされ，図(c)のようにXY両方向に大きく偏向させることができる．

　図4.3は，この非共振2軸電磁光スキャナによる距離画像システムである．その原理を図(a)に示す．レーザ光源と受光器のフォトダイオードを用い，スキャンした光を対象物に照射し，反射して戻るまでの飛行時間と光速（30 cm/ns）から距離画像を得ることができる．図(b)の距離画像は色の違いが距離に対応しており，非共振で偏向できるため局所だけ拡大してスキャンすることも可能になっている．

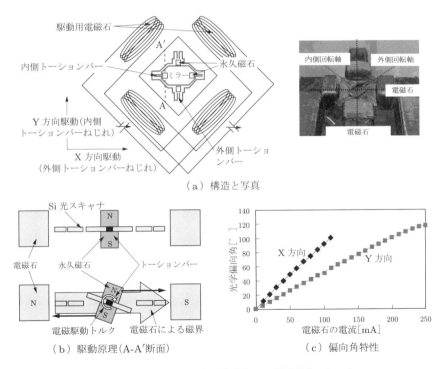

図4.2　非共振で大きな偏向角をもつ2軸電磁光スキャナ

第4章 光マイクロシステム

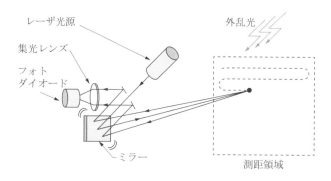

（a）原理

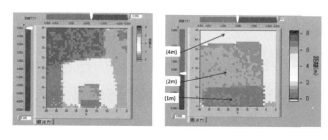

（b）飛行時間測定による距離画像と局所拡大スキャン

図4.3 非共振2軸電磁光スキャナによる距離画像システム

大きく偏向させるときにはトーションバーに応力を生じるが，それに傷などがあると応力集中で破壊される恐れがある．水素中でSiをアニール（熱処理）すると，図4.4(a)に示すように表面が平滑化され，図(b)のように破壊強度が向上する[3]．これは水素原子でSi表面が覆われてSi原子が結合せずに動き回るため，表面エネルギーが小さい平滑な面になるためである．図(c)は水素アニールで表面が平滑化される様子を原子間力顕微鏡（AFM（Atomic Force Microscope））で観測したものである．

この水素アニールによる平滑化を行って破壊強度を上げ，大きく偏向できるようにした光スキャナの製作工程を図4.5(a)に示す．Siウェハの両面よりDeep RIEで形状を加工した後（工程(2)(3)），水素アニールで表面を平滑化しており（工程(4)），最後に永久磁石を接着剤で取り付ける（工程(5)）．これに対して図(b)は，SOIウェハを加工する製作方法であり，埋め込みSiO_2（Box層）がある状態で水素アニールを行っている（図(b)工程(3)）．この場合には以下で述

4.1 光スキャナ

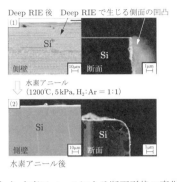
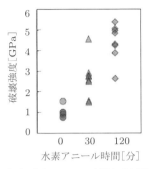

（a）水素アニールによる断面形状の変化　　（b）水素アニール時間と破壊強度の関係

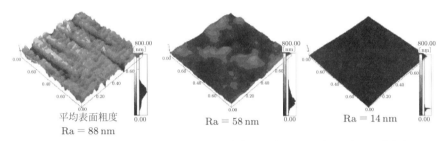

（c）AFMで観測した表面凹凸（10μm×10μm）（左：水素アニール無し，中：30分水素アニール，右：120分水素アニール）

図4.4　水素アニールによる平滑化と破壊強度の向上

べるように破壊強度が低下する．図4.6はSOIウェハにおける水素アニールの影響を調べたものであるが，図（a）のように水素アニールによってSiO$_2$がエッチングされてなくなり，その上のSi層がアンダーエッチングされ，この結果，図（b）のように破壊強度化が低下する．図（c）の表面形状からSiO$_2$と接触したSi面が粗くなっていることがわかる．

　図4.7は可変焦点ミラー付光スキャナである[4]．可変焦点ミラーは図（a）のように，溝（エッチングホール）の付いたミラーが静電引力で図（b）のように変形するのを用いている．光スキャナは図（c）のように，櫛歯構造の静電アクチュエータで駆動される．図（b）に示した変形では，静電アクチュエータの電圧が0Vのときに上側に湾曲している．用いているSOIウェハの埋め込み酸化膜がもっている圧縮応力が解放されるときに，図4.8のように上のSiの薄膜ミラーを上側に湾曲させることがその原因である[5]．

第4章 光マイクロシステム

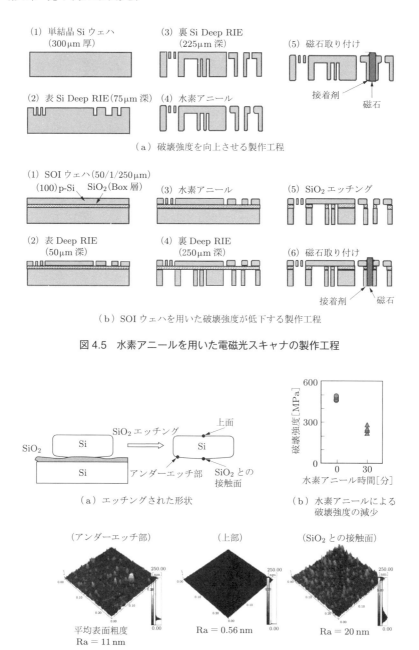

(a) 破壊強度を向上させる製作工程

(b) SOIウェハを用いた破壊強度が低下する製作工程

図4.5 水素アニールを用いた電磁光スキャナの製作工程

(a) エッチングされた形状

(b) 水素アニールによる破壊強度の減少

(c) 原子間力顕微鏡（AFM）で観測した表面凹凸（19μm×19μm）

図4.6 SOIウェハにおける水素アニール

4.1 光スキャナ

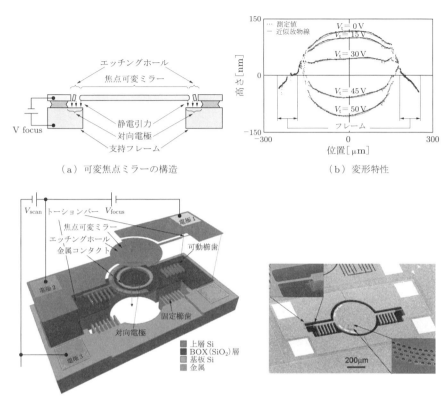

(a) 可変焦点ミラーの構造
(b) 変形特性
(c) 可変焦点ミラー付光スキャナの構造と写真

図 4.7　可変焦点ミラー付光スキャナ

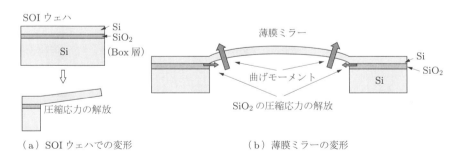

(a) SOI ウェハでの変形
(b) 薄膜ミラーの変形

図 4.8　SOI ウェハにおける薄膜ミラーの変形

第4章 光マイクロシステム

静電アクチュエータで動く可動ステージの上に GaN による LED を形成したものを図 4.9 に示す[6]. 図(b)のようにステージ上で LED の発光部が移動すると，その上のマイクロレンズの働きで図(a)のように光線の向きが変わるので光スキャナとなる.

光源材料はⅢ-V 族半導体で，可動ステージの光スキャナを構成する Si とは異種材料となる．しかし GaN 半導体は Si 基板材料に結晶成長できるため，このような光源一体の光 MEMS を実現することが可能である．GaN-LED をステージの Si 上に製作するには，図 4.10 のように MOCVD (Metal Organic Chemical Vapor Deposition) と MBE (Molecular Beam Epitaxy) で，AlN や GaN の層を Si(111) ウェハ上に順次堆積し結晶成長させる.

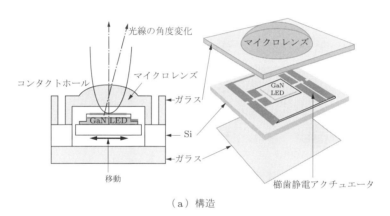

（a）構造

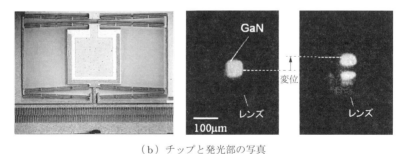

（b）チップと発光部の写真

図 4.9　静電可動ステージ上に形成した GaN LED

4.1 光スキャナ

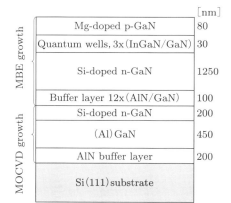
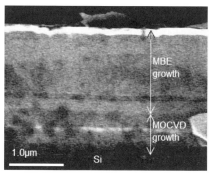

図 4.10　GaN LED 部の断面構造

4.1.2　圧電光スキャナ

圧電薄膜を用いた圧電光スキャナは，小形化や低電圧化に適しており，以下のように携帯情報機器や内視鏡などの用途に有用である．

図 4.11 は圧電薄膜を用いたモバイルプロジェクタ用 2 軸光スキャナと，その製作工程である[7]．チタン酸ジルコン酸鉛(PZT)の圧電薄膜を液体有機金属ソース CVD（LS MOCVD（Liquid Source Metal Organic Chemical Vapor Deposition））で形成しており，その装置を図 4.12 に示してある．有機溶媒に溶解した Pb, Zr, Ti の有機金属化合物を蒸発器で蒸発させて反応容器に供給し，650℃の基板上で分解して堆積させる．

この PZT 堆積における配向制御について図 4.13 で説明する[8]．後の図 4.17 や図 4.18 で説明するように，圧電アクチュエータには（001）（ミラー指数）方向に配向した膜が要求される．下地の Pt の表面は（111）であるため，その上に堆積すると（111）配向しやすい．図(a)には PZT 薄膜の，（001）/（100）配向膜と(111)配向膜の X 線回折結果を示す．普通の X 線回折では(001)と(100)のピークは同じ回折角に重なって現れるため，正確には両者が混在した（001）/（100）膜が堆積されている．なお，この（001）成分と（100）成分の分離については，後の図 4.18 で議論する．基板上の SiO_2 には，Ti に続いて Pt を 350℃の基板温度でスパッタリングによって堆積する．その後 700℃で 20 分熱

第4章 光マイクロシステム

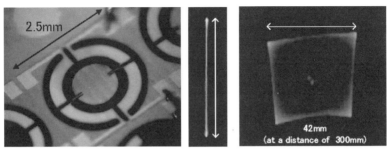

（a）光スキャナの写真と投影像

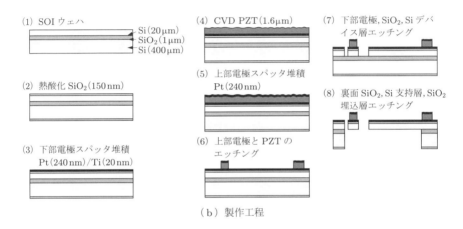

(1) SOI ウェハ
  Si(20μm)
  SiO₂(1μm)
  Si(400μm)

(2) 熱酸化 SiO₂(150 nm)

(3) 下部電極スパッタ堆積
  Pt(240 nm)/Ti(20 nm)

(4) CVD PZT(1.6μm)

(5) 上部電極スパッタ堆積
  Pt(240 nm)

(6) 上部電極と PZT の
  エッチング

(7) 下部電極, SiO₂, Si デバ
  イス層エッチング

(8) 裏面 SiO₂, Si 支持層, SiO₂
  埋込層エッチング

（b）製作工程

図4.11　圧電薄膜を用いた光スキャナ（2軸用）

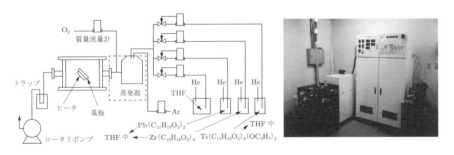

図4.12　チタン酸ジルコン酸鉛（PZT）の液体有機金属ソース CVD（LS MOCVD）装置

処理すると，図(b)のように Pt 表面に TiO_2 が形成されて，その間から Pt が (100) 方向に配向した高さ 7 nm ほどの突起が現れる．これに PZT のシード層としてのチタン酸鉛（$PbTiO_3$）を 3.5 nm 堆積すると望ましい (001)/(100)

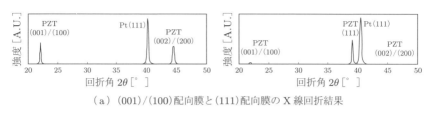

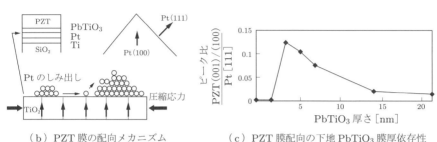

(a) (001)/(100)配向膜と(111)配向膜のX線回折結果

(b) PZT膜の配向メカニズム

(c) PZT膜配向の下地PbTiO$_3$膜厚依存性

図4.13 LS MOCVDによるチタン酸ジルコン酸鉛（PZT）堆積における配向制御

配向膜が得られることが，図(c)の実験結果で明らかになった．

スパッタリングで圧電膜を堆積することが盛んに行われている．図4.14は13%のNd（ネオジウム）を添加したPZTであるPNZT（Neodymium doped Lead Zirconate Titanate）の膜である．図(a)の膜断面写真で，厚み方向に縦筋が見られることから配向していること，また図(b)のX線回折の測定結果から(001)/(100)方向の望ましい膜であることがわかる[8]．

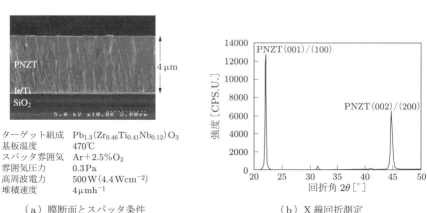

ターゲット組成　Pb$_{1.3}$(Zr$_{0.46}$Ti$_{0.41}$Nb$_{0.12}$)O$_3$
基板温度　470℃
スパッタ雰囲気　Ar＋2.5%O$_2$
雰囲気圧力　0.3 Pa
高周波電力　500 W (4.4 Wcm^{-2})
堆積速度　4 μmh^{-1}

(a) 膜断面とスパッタ条件

(b) X線回折測定

図4.14 スパッタ堆積法によるNdドープPZT（PNZT）膜（富士フィルム㈱）

このPNZT膜を内視鏡型の光干渉断層撮影（OCT（Optical Coherent Tomography））用の光スキャナに応用した[9]．OCTは皮膚をある程度透過する近赤外光を用いて，光を1軸に走査しながら深さ方向の反射率の違いから断層像を得るものである．この光スキャナを図4.15に示す．構造と動作は図（a）のようなもので，圧電駆動で梁を動かし折り返したばねを介してミラーを共振させる．図（b）はその製作工程でSOIウェハにAu/Ti/PNZT/Ir/Ti/SiO$_2$をスパッタ堆積した後，Deep RIEで基板Siをエッチングして製作してある．図（c）はその写真で内径4 mmの内視鏡に入れるため2.4 mm×3.5 mmと小形に作られている．図（d）は共振動作での偏向特性であるが，PZTに比べ低電圧で大きな偏向角（145度）が得られている．またPNZTでは配向性がよいため，温度を上げて電圧（150℃，－20 V）を印加するポーリング処理をしなくても優れた性能をもつ．なお，ポーリングについては図4.17で説明する．圧電膜の一部は偏向角を検出するセンサとして用いられ，偏向角をフィードバック制御することもできる．

図4.16は，製作した光スキャナによるOCTシステムと，得られた断層像の例である．図（a）のような構成で，光源の波長を変化させる波長掃引（SS（Swept Source）OCTシステムの構成を示す．上の参照光側と下のOCT内視鏡先端部からの光を干渉させて深さ方向の組成分布を知るため，ある場所のデータを得るには波長を掃引する時間が必要である．このため光スキャナで空間的に走査するには，走査方向の分解能と波長掃引時間で決まる時間が要求され，それに応えるためこのシステムでは，光スキャナの共振周波数は125 Hz以下にしてある．図（b）のように製作した小形光スキャナをOCT内視鏡の先端部に装着し，測定例として示すように指表面などから断層像を得ることができる．

PZT膜の配向性を制御することが圧電性能に重要である．図4.17（a）はPZTの(001)配向（c軸配向）と(100)配向（a軸配向）の違いを示している．ZrやTiの原子がc軸方向に変位しているため，(001)であるc軸方向で圧電特性を示す．高温のSi基板上にPZT膜をスパッタで堆積した後，冷却すると図（b）のように変形する．これはSiの熱膨張係数（CTE（Coefficient of Thermal Expansion））が3 ppm/Kであるのに対し，PZTのCTEは8 ppm/Kと大きいため，冷却したときにPZT膜がSi基板よりも縮小して横方向に引張応力が生じるためである．図（a）のようにc軸（4.146Å）はa軸（4.036Å）より長い

4.1 光スキャナ

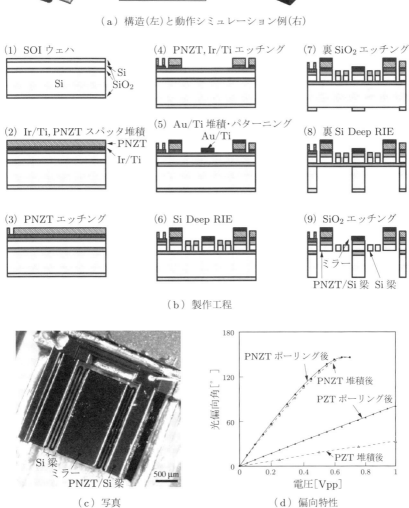

(a) 構造(左)と動作シミュレーション例(右)

(b) 製作工程

(c) 写真 (d) 偏向特性

図 4.15 PNZT 膜による OCT 用光スキャナ

第4章 光マイクロシステム

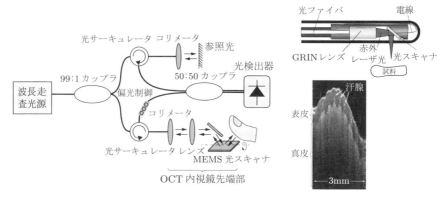

（a）OCT システム　　　（b）OCT 内視鏡先端部と指表面の測定例

図4.16　製作した光スキャナによる OCT（東北大学，富士フイルム㈱）

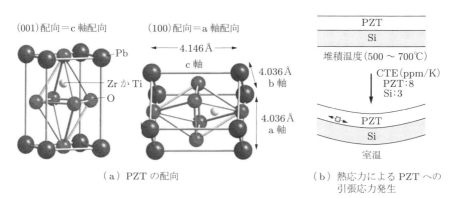

（a）PZT の配向　　　　　　　　　　　（b）熱応力による PZT への
　　　　　　　　　　　　　　　　　　　　　引張応力発生

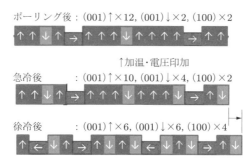

（c）徐冷時の引張応力による(100)配向(→)
　　割合の増大(圧電性能低下)

図4.17　徐冷による圧電性能低下の機構（産業技術総合研究所 小林健氏）[10]

ため,図(b)のように横方向に張力が加わると長いc軸が倒れてa軸配向して圧電性能が低下する.図(c)には,その様子を模式的に示してある[10].急冷した場合よりも徐冷した場合は,この応力によるc軸の倒れが生じやすいので,急冷することが望ましい.なおこの図には,加温・電圧印加によるポーリングの原理も示しており,ポーリングによって配向させることもできる.

図4.18(a),(b)は,スパッタ堆積後にそれぞれ徐冷と急冷を行ったPZT膜のX線回折スペクトルである.PZT(001)/(100)ピークを(001)と(100)にフィッティングして分離した結果を示してあるが,急冷によって(001)(c軸)に配向し圧電性能が向上することがわかる.

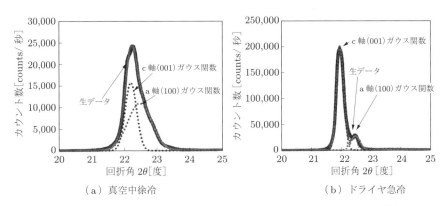

図4.18 スパッタ堆積後の徐冷と急冷した場合のスペクトルフィッティング結果

配向性をさらに向上させるため,基板など下地の結晶構造を引き継いでエピタキシャル膜として成長させる方法がある.これには図4.19に示すように,基板と堆積膜の結晶格子を整合させるためのバッファ層を用いる[11].Si(100)基板上にバッファ層としてYSZ(Y_2O_3 8 mol% in ZrO_2),CeO_2,LSCO($La_{0.5}Sr_{0.5}CoO_3$),SRO($SrRbO_3$)をパルスレーザ蒸着(基板温度800℃)で順次堆積し,その上にPZTを基板温度600℃でスパッタ堆積する.図(a)にそれぞれの格子定数を示すが,PZTのa軸やc軸の長さに近い格子定数をもつLSCOが45度回転して格子定数が$\sqrt{2}$倍した長さが,Siの格子定数に近いCeO_2の格子定数と合うため格子整合する.上で述べたようにPZTのスパッタ堆積後に急冷させて(001)膜を得ている.図(b)は断面の電子線回折像と電子顕微鏡観察結果であり,PZTのエピタキシャル膜ができていることがわかる.

第4章 光マイクロシステム

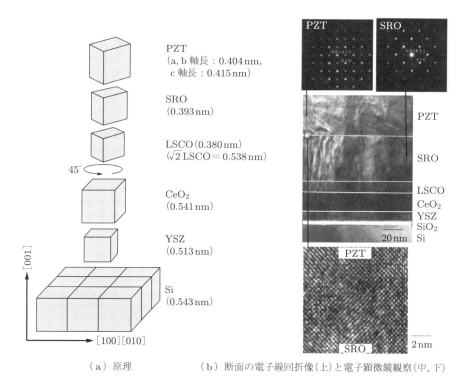

（a）原理　　　　　　（b）断面の電子線回折像（上）と電子顕微鏡観察（中，下）

図 4.19　バッファ層を用いた PZT スパッタ膜のエピタキシャル成長

なお，この断面写真で Si と YSZ の界面に見られる薄い SiO_2 は膜堆積中に形成されたものである．

図 4.20 にはこの方法で作られた PZT 圧電膜を有する Si カンチレバーと，その電圧−変位特性や分極特性を示してある．

表 4.1 には Si 基板上でのエピタキシャル PZT 膜を，通常の多結晶 PZT 膜と比較して示している[11]．表中で MPB（Morphotropic Phase Boundary）は，PZT の PbO_3 が 48 %，ZrO_3 が 52 %で単斜晶と三方晶（菱面体晶）が混合した状態になるもので，このときに圧電性能が高くなることが知られている．この表では 2.1.1 項で説明した AlN 膜や ScAlN 膜とも比較している．圧電アクチュエータとして駆動するには圧電定数（$e_{31,f}$）が高いことが要求される．一方，圧電センサとして検出するには，誘起電荷を電圧として取り出すのに静電容量が小さくなるように比誘電率（$\varepsilon_0 \varepsilon_{33r}$）が小さいことが要求される．このため圧電ジャ

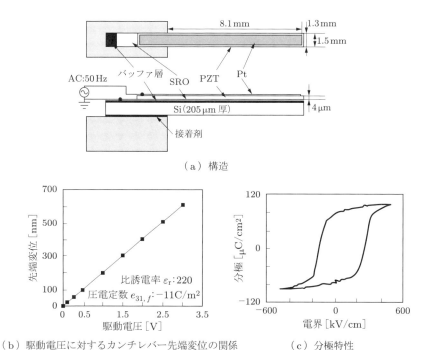

(a) 構造

(b) 駆動電圧に対するカンチレバー先端変位の関係

(c) 分極特性

図 4.20 エピタキシャル成長と急冷による PZT スパッタ膜を用いた可動ビーム

表 4.1 Si 基板上の圧電材料の比較

	多結晶 PZT（MPB）	エピタキシャル PZT	AlN	$Sc_{0.6}Al_{0.4}N$
$e_{31,f}$ [C/m²] 圧電定数	-12	-11	-1	-2.5
ε_{33r} 比誘電率	1000	220	10	30
$(e_{31,f})^2/(\varepsilon_0 \varepsilon_{33r})$ [GPa]	16	60	11	20

イロのような駆動と検出を行うデバイスの良さを示す指標として，（圧電定数）²/誘電率（$(e_{31,f})^2/\varepsilon_0\varepsilon_{33r}$）が用いられる．この指標ではエピタキシャル PZT 膜が最も優れていることがわかる．なお AlN 系の膜は PZT 膜に対し，300℃ 程の低温で形成できることや，非鉛であることなどの利点がある．

4.2 光スイッチ

　光通信などでは，光ファイバの接続を切り替える光スイッチが用いられる．図4.21 は光多重通信に用いられる波長選択スイッチである．複数の異なる波長で多重化された入力光ファイバから，グレーティング（回折格子）で各波長に分け，それを可動グレーティングミラーで向きを変えて必要な光ファイバに出力する．この可動グレーティングミラーを MEMS で実現し，駆動用 LSI 上に形成した集積化可動グレーティングミラーを図4.22 に示す[1]．図(b)の構造に示すようにチャネル数は24で，1チャネルの回折格子は250本のリボン状反射ミラーで構成されている．これらのミラーを図(a)のように制御して光出力方向を変えるには，24チャネル×250本＝6000本のミラーを制御する必要がある．このため図(c)のような駆動回路をもつ LSI を用い，その上に MEMS を製作した．図4.23 はその製作工程とチップ写真で，DA 変換回路などの LSI 上に，図1.6(a)で紹介した樹脂接合によるフィルム転写で製作されており，工程(3)のようにガラスのスペーサを用いて間隔を制御し，静電駆動で回折格子を上下に動かす．

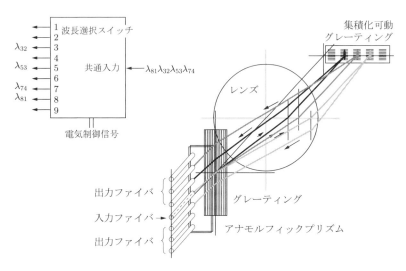

図 4.21　波長選択スイッチの構成

4.2 光スイッチ

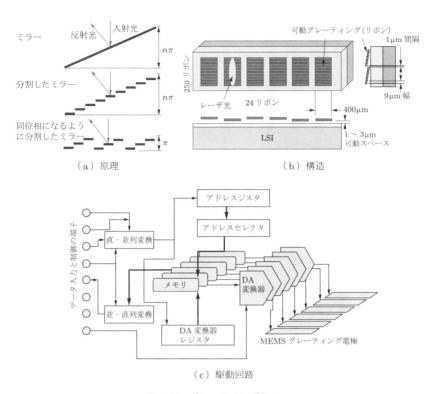

図 4.22 グレーティングミラー

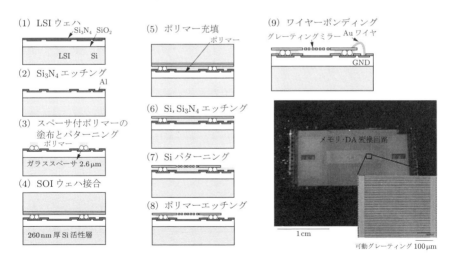

図 4.23 集積化グレーティングミラーの製作工程とチップ写真（東北大学，古河電気工業㈱）

第4章 光マイクロシステム

このほか，チップ上で光導波路を静電アクチュエータで動かし，間隔で光結合を変化させるSi導波路カップラスイッチも研究されている．図4.24(a)はその写真と原理である．同じ導波路を透過する光（スルー）と別の導波路に切り替わる光（ドロップ）が導波路の間隔によって変わるもので，図(b)には得られた特性を示してある[2].

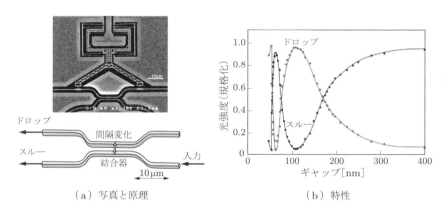

（a）写真と原理　　　　　　　　　（b）特性

図4.24　Si導波路カップラスイッチ

第5章

バイオ・医療用マイクロシステム

　この章では，細胞や生体分子などの検体検査に関連したバイオマイクロシステムと，診断・治療に用いる医療用マイクロシステムについて述べる．前者では，電極アレイを形成した集積化バイオセンサアレイ，あるいは磁気センサと磁気ビーズによる免疫センサなどを，検出回路をもつLSI上に形成，使い捨てで用いる．また，ナノ構造の高感度センサを用いた，マイクロ磁気共鳴イメージングや細胞の熱計測についても述べる．後者の医療用マイクロシステムとしては，カテーテル先端部で，磁気共鳴イメージングおよび超音波イメージングを行うシステム，また体内埋込みの例として米国のミシガン大学の研究例（眼圧モニタと多チャンネル神経インパルス計測システム）を紹介する．

5.1 バイオマイクロシステム

5.1.1 集積化バイオセンサアレイ

細胞や DNA あるいは生化学関係のセンサに集積化 MEMS を適用すると，以下のようなバイオセンサアレイなどを実現して多くの情報を得ることができる．

電気化学的に酸化・還元電流を検出するアンペロメトリでは，電極をある電位にして特定の物質の濃度などを求める．微小電流の検出には大きな帰還抵抗(R)を用いる図 5.1(a)の回路が一般的である．しかし，LSI では高抵抗は実現しにくいので，図(b)のように帰還容量(C)を用いたスイッチキャパシタで，Cにある時間充電したときの電圧から微小電流を積分値として検出する．この方式では，積分時間を変えて感度を変化させることができるが，その積分時間で時間分解能が決まる．なお，0 V の検出(作用)電極(W)に対して参照電極(Ref)の電位が V_i に設定されるようにするため，図(a)，(b)の左側にある増幅器（Op-1）により，Ref の電位と V_i の差の電圧を増幅して対極(CE)に与えるポテンショスタット（電位制御装置）を用いる．

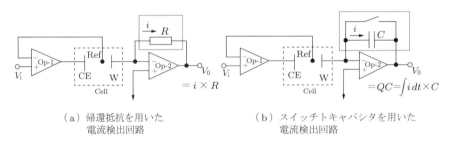

（a）帰還抵抗を用いた　　　　（b）スイッチキャパシタを用いた
　　電流検出回路　　　　　　　　電流検出回路

図 5.1　ポテンショスタットにおける電流検出回路

このスイッチキャパシタを用いた電流検出回路をアレイ化したバイオ LSI を図 5.2 に示す[1]．図(a)はチップの一部の写真，図(b)は装着後，図(c)はその応用例である．図(d)は外部回路も含めた回路であるが，演算増幅器（オペアンプ）による電流検出回路と検出電極および出力に取り出すためのスイッチからなるユニットセルが，20 × 20 配列されている．

5.1 バイオマイクロシステム

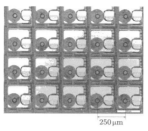
（a）チップ写真

（b）装着後の写真

○ 生きているがん細胞
● 死んでいるがん細胞（PFA固定）

（c）ヒト肝がん細胞の呼吸活性を利用した，薬剤スクリーニング応用

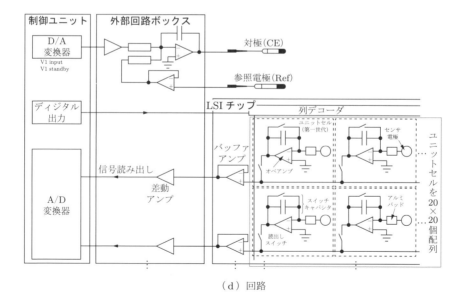

（d）回路

図5.2　バイオLSI

電極で酸素を還元する以下の反応を利用し，その電流から溶存酸素濃度を知ることができる．

$$O_2 + 4H^+ + 4e^- \rightarrow 2H_2O$$

これを用いると細胞呼吸による酸素消費量から細胞活性を知ることができ，活性の高い受精卵を移植する不妊治療のような生殖補助医療にも適用できる．図(c)に示したものは，ヒト肝がん細胞の呼吸活性を利用した薬剤スクリーニングの例である．がん細胞の凝集塊（スフェロイド）が薬剤に反応して死滅するかどうかを，細胞の呼吸活性を指標にバイオLSIで計測することができる．センサ電極電位をAg-AgClの参照電極（Ref電極）に対し−0.50 Vに設定し，スフェロイドをバイオLSIチップ上に播種すると，スフェロイド播種された近辺のセンサ点では細胞の呼吸による溶存酸素濃度が低下し，酸素還元電流が減少することが確認できた．この手法は将来的に，患者自身のがん細胞を用いて個々の患者に効果がある抗がん剤を選べるような医療への応用が期待できる．

B（ホウ素）を添加して導電性をもたせた，ボロンドープトダイヤモンド（BDD (Boron Doped Diamond)）を検出電極に用いた「バイオLSI」を図5.3に示す[2]．図(a)，(b)はその製作工程であり，図1.6(b)(p.7)で説明したデバイス転写（via-last）の方法を用いている．BDDの形成は，プラズマCVD（プラズマ放電中での化学気相堆積（CVD））で行うが，基板温度が800 ℃になり，LSIに直接堆積するとLSIを破壊してしまう．このため図(a)のようにBDDをキャリヤウェハに形成し，このダイヤモンド（BDD）をパターニングする（図(a)の工程(4)）．図(b)のようにしてBDD電極をLSI上に形成する．これには図(a)で製作したものを上下裏返して，ベンゾシクロブテン（BCB）でLSI上に貼り合わせる（図(b)の工程(3)）．キャリヤウェハのSiをドライエッチングで除去し（図(b)の工程(4)），BCBにドライエッチングで孔を開けて（図(b)の工程(5)），CrとAuを堆積しパターニングする（図(b)の工程(6)）．最後に厚膜レジストSU-8をコーティングし，検出電極部分を窓開けする．図(c)は，BDD電極とAu電極の水中での電気化学特性を示している．触媒活性の少ないBDDではAuのような金属に比べ，水の電気分解を起こさない電圧領域が広い．このため図中に示すように，ヒスタミンの検出に必要な電圧を印加して測定することができる．図(d)は測定例で，ヒスタミン滴下時の拡がりの様子が示されている．

5.1 バイオマイクロシステム

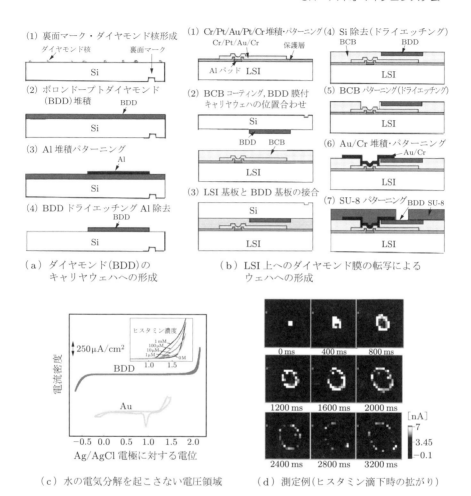

(a) ダイヤモンド(BDD)の
キャリヤウェハへの形成

(b) LSI上へのダイヤモンド膜の転写による
ウェハへの形成

(c) 水の電気分解を起こさない電圧領域

(d) 測定例(ヒスタミン滴下時の拡がり)

図5.3 ダイヤモンド電極アレイによるバイオLSI

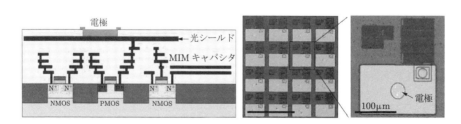

図5.4 光シールド付バイオLSI(断面構造と写真)

顕微鏡観察下などでは光の影響を避けなければならない．このため，バイオLSIの回路部上に光シールド構造を形成した（図5.4）[3]．この光シールド付バイオLSIは，図5.5のように複数のモードを有している．図（b）にユニットセルの回路を示してあるが，その中のスイッチ（S1～S6）を操作することで，それぞれのユニットセルごとに図（a）のような各種モードを設定して使用することができる．すなわち動作させないOffモード，電位検出（electrometer）モード，

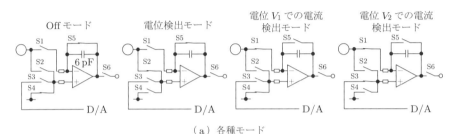

(a) 各種モード
（電圧検出，V_1 での電流検出，V_2 での電流検出）

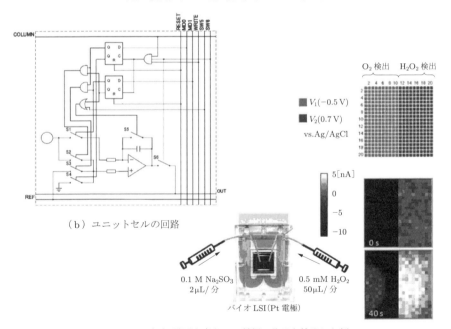

(b) ユニットセルの回路

(c) 電圧を変えて2種類の分子を検出した例

図 5.5　複数のモードを有するバイオLSI

検出電極の電位を V_1 にして電流を検出するモード，および検出電極の電位を V_2 にして電流を検出するモードである．図(c)は2種類の分子を検出できるように，アレイの左半分は O_2 を検出するため V_1（−0.5 V）に設定し，右半分は H_2O_2（過酸化水素）を検出するため V_2（0.7 V）に設定して，薬液を導入したときに拡がる様子を観察した例である．

ISFET（Ion Sensitive Field Effect Transistor）とよばれる半導体イオンセンサでは，絶縁ゲート電界効果トランジスタのゲートを電解液に接触させて，液中の特定イオンの濃度を測定することができる[4]．これは1980年に，カテーテル先端の pH センサや PCO_2（二酸化炭素分圧）センサなどとして実用化された[5]．ISFET をチップ上にアレイ状に配列した DNA 解析装置（Ion Torrenet Life Technologies 社）の原理を図5.6に示す[6]．細分割した一重らせん DNA を付けたビーズを凹みに入れ，塩基分子（A,T,C,G）をもつ核酸分子溶液を入れたときに，選択的な結合（A-T, G-C）をして二重らせん DNA が合成される．この結合で生成される水素イオン H^+ は，局所的な pH 変化として ISFET によって検出される．この ISFET の付いた凹みはチップ上に1.6億個集積化されており，3チップで全 DNA の解析が可能である．なお，DNA 解析の技術の進歩により，そのコストは過去40年間で 10^{-8}（1億分の1）に低下し，患者の DNA を調べて最適な治療をするテーラーメード医療の時代になってきた[7]．

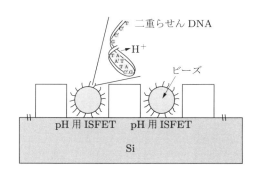

図 5.6　半導体イオンセンサアレイによる DNA 解析装置
　　　（Ion Torrenet Life Technologies 社）の原理

5.1.2 ワイヤレス免疫センサ

図5.7(a)は抗原などの生体関連物質を検知できるワイヤレス免疫(イムノ)センサの原理である[8].磁気センサ上に抗体が固定化されており,血液などに入れると抗原抗体反応(イムノ反応)で抗体に特定の抗原が結合する.それに磁気ビーズの付いた抗体を結合させ,側面から交流磁場を与えると,この磁気ビーズが磁気センサで検知される.図(b)のようにチップには通信用の回路やコイルも集積化されており,測定システムのコイルを近づけることによって,トランス結合で電源供給や読み出しを行うことができる[9].なお,チップ上に電源供給や読み出しを行うためのコイルを形成するとチップ面積が大きくなって,ウェハから取れるチップ数が少なくなりコスト増をもたらすため,コイルを使わないで駆

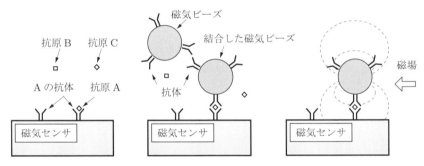

(a) ワイヤレス免疫センサの原理

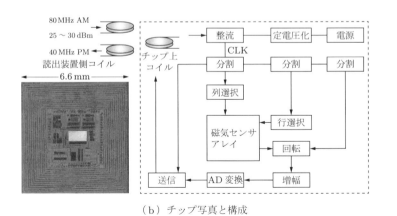

(b) チップ写真と構成

図5.7 ワイヤレス免疫センサの原理とチップ(カリフォルニア大学,バークレイ校)

動や検出ができるようにする研究も進められている.[10]

図 5.8(a)のように磁気センサはアレイ状に複数配列されており，エイズあるいはデング熱などの抗体をそれぞれ付けておくことによって，それらを同時に調べることもできる．図(b)にはホール素子アレイの写真（上），およびホール素子と磁気ビーズの関係を示す断面構造（下）を示してある．LSI の多層配線層をエッチングで除去し，磁気ビーズがホール素子に近くなるようにして感度を上げている[11].

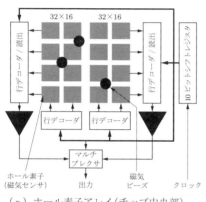
（a）ホール素子アレイ(チップ中央部)

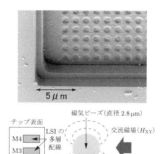
（b）ホール素子アレイ写真(上)と
ホール素子とビーズ(下)

図 5.8　ワイヤレス免疫センサのホール素子アレイ

このようなワイヤレス免疫センサは，使用後にチップを捨てることになり，量産でコストを下げられる LSI 技術の利点を活かせる．また電話などでデータが病院に送られて，必要に応じて再検査を行うことになるため，病院で使われるセンサほどに信頼性の要求は高くない．このワイヤレス免疫センサを従来使われている免疫センサと比較したものが表 5.1 である．現在，病院などでおもに使われ

表 5.1　免疫センサの比較

方法	標識	検出	感度	可搬性	使用状況
ラジオイムノアッセイ（放射免疫分析）	放射性同位元素	放射線カウンター	○	×	放射性で特殊な分析環境
ELISA（酵素免疫分析）	蛍光分子	酵素反応	○	×	専門分析用
イムノクロマトグラフィー	色素	―	×	○	家庭の検査可
ワイヤレス免疫センサ	磁気ビーズ	回路	○	○	家庭の検査可

93

ている酵素免疫分析（ELISA（Enzyme-Linked Immuno Solbent Assay））に比べて簡易に使えるため家庭での検査に適しており，また，紙への浸透と免疫反応を用いて妊娠検査などに使われるイムノクロマトグラフィーよりも感度を高くすることができる．

5.1.3 マイクロ磁気共鳴イメージング

磁気共鳴イメージング（MRI（Magnetic Resonance Imaging））装置は病院での病気の検査等に広く用いられているが，一般的なMRIの空間分解能は約1 mm程度と小さい．細胞レベルのラジカルや核種のイメージングに応用するため，さらに高い空間分解能をもった検出方法の開発が求められている．高い分解能をもった方式として，図5.9（a）に示した磁気共鳴力顕微鏡（MRFM（Magnetic Resonance Force Microscope））が挙げられる．

この顕微鏡では，カンチレバー型の振動子（ナノワイヤープローブ）の先端に

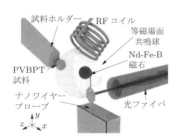
（a）磁気共鳴力顕微鏡の原理と構成

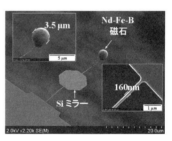
（b）先端に磁石を配置したナノワイヤープローブの電子顕微鏡写真

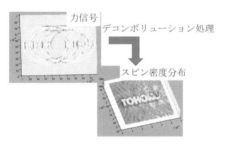
（c）デコンボリューション演算による力マップからスピン密度分布への変換

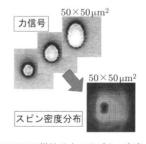
（d）PVBPT微粒子中のラジカル密度の測定

図5.9　磁気共鳴力顕微鏡（MRFM）を用いたマイクロ磁気共鳴イメージング

永久磁石を乗せて，磁石の周りに等磁場面を形成する．また RF コイルを近傍に配置し，周波数が ν の高周波磁場を重畳する．試料中の磁場を H_0 とすると，磁気共鳴条件 $\nu = \gamma H_0$ が成り立つ条件で磁気共鳴が起こり，試料内の原子核や電子のスピンの向きが変化する．ここで，γ は磁気回転比とよばれる，スピンによって異なる定数である．

この試料内スピンの向きが変わることで，プローブ先端に配置した磁石と試料の間の力が変化する．このため，コイルへの RF 信号にプローブの共振周波数と同じ周波数で変調を加えたとき，磁気共鳴が起こるとプローブは共振することになり，試料内で磁気共鳴を起こしたスピンの量を推定できる．このプローブの振動は光ファイバ干渉計により測定するため，図(b)の電子顕微鏡写真に示したように，プローブ中央部に光を反射するミラー構造を設けてある[12]．また，プローブ先端には直径 3.5 μm の Nd-Fe-B 磁石を取り付けている．図(c)に示すように，このプローブを2次元にスキャンして力分布を測定し，これを逆フーリエ演算（デコンボリューション演算）すると，スピンの密度分布が得られる．図(d)はポリマーである PVBPT（Poly-10-(4-vinylbenzyl)-10H-phenothiazine）中のラジカル検出実験結果である．この MRFM のプローブによる力センサが，室温で 8.2 aN（a：アト，10^{-18}）の力分解能，100 nm 以下の空間分解能をもつことが示されている．今後，細胞中の活性ラジカル分布の検出などへの応用が期待されている．

5.1.4 熱量センサ

熱産生（代謝による細胞からの熱発生）を細胞レベルで検出できることが，細胞科学や将来の医療への応用のため期待されている．人体に存在する褐色脂肪細胞は，脂肪を燃焼し熱に変換することが知られており，成人病などにも関連していると考えられているが，熱産生のメカニズムは十分に理解されていない．褐色脂肪細胞を創薬などへ応用することで，単一細胞レベルの熱量センサとして利用できる可能性がある．また，酵素反応を利用した熱を利用し，選択性の高いバイオセンサへの応用なども考えられる．

図 5.10(a)は熱膨張係数が異なる二つの材料を積層したカンチレバー構造からなるバイメタル型の熱量センサである．バイメタル型温度センサは，一般の温

度計にも使われるなじみのあるものであるが，これを薄く，長く作ることで高感度な熱量センサとなる．二つのセンサの一方に試料を乗せ，参照センサとの変位差から試料の発熱熱量が推測できる．図(b)は，実際に数個の褐色脂肪細胞を薬剤（ノリエピネフリン）で刺激したときの発熱信号を示している[13]．

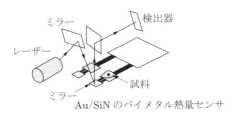
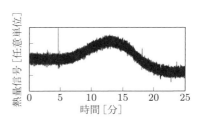

（a）細胞の発熱測定のためのバイメタル型　　（b）数個の褐色脂肪細胞の発熱測定
　　熱量センサの原理と構成

図5.10　バイメタル型熱量センサによる細胞の熱計測

一方，より高感度に微量試料からの熱量を測定するために，振動子の共振周波が温度で変わることを用いた振動型熱量センサが開発されている[14]．図5.11(a)に示したように，Siの振動子をマイクロ真空チャンバに配置し，外部からSiの熱ガイドを通してセンサに熱を伝えるしくみになっている．液中ではダンピング（振動の減衰）による振動子の Q 値の低下が起こったり，液中を通して熱の拡散が起こったりするため感度を高くできないが，真空断熱することにより高感度な熱量センサが実現できる．これにより，液中の1個の褐色脂肪細胞の熱量計測ができるようになった．図(b)の写真は，下部が真空中の振動子で，上部がマイクロ流路中のSiステージの画像であり，1個の細胞がステージに接触している．このときの発熱は図(c)に示したように，細胞がときどきパルス状に熱を発している様子が観察されている．このように高感度な熱量センサの1細胞測定により，これまでの生物学では知られていない細胞の振る舞いなどが見られるようになった．

また，これらのセンサは温度変化を敏感に検出することはできるが，絶対温度を知ることはできない．そこで，振動子中にPNダイオードを用いた温度センサを集積化したものも開発している．このセンサでは順方向にバイアスしたとき，その抵抗値が温度によって変わることを利用して絶対温度を知ることができる．

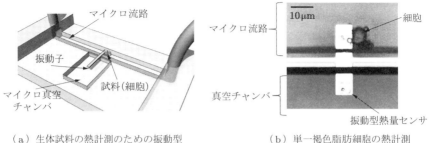

(a) 生体試料の熱計測のための振動型　　　　(b) 単一褐色脂肪細胞の熱計測
　　熱量センサ

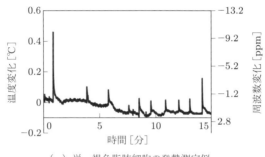

(c) 単一褐色脂肪細胞の発熱測定例

図5.11　振動型熱量センサによる細胞の熱計測

5.2 医療用マイクロシステム

5.2.1 低侵襲医療

　小形化や高機能化あるいは量産化といったMEMSの利点を，身体への影響を少なくした低侵襲の医療に活かすことができる．具体的には，カテーテル先端部の小形化や高機能化さらには使い捨て化も可能になり，また次項で述べる体表や体内で用いられるセンサでも小形化や高機能化にMEMSは有効である．また，血液を検査する場合には採血量を少なくできる．

　血管内などに入れるカテーテルの先端部に磁気共鳴イメージング（MRI）の受信コイルを入れた血管内MRIを図5.12に示す[1]．図（a）はその原理で，図（b）

第5章 バイオ・医療用マイクロシステム

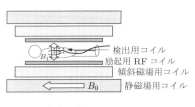
（a）原理

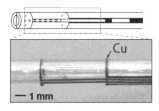
（b）受信コイル（側方視用サドルコイル）

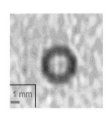 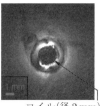

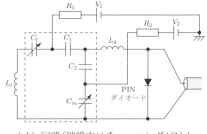

（c）豚鎖骨下動脈の撮像結果
　　（左：体外コイル，右：血管内受信コイル）

（d）回路（破線内はチューニング（C_t）とマッチング（C_m）回路）

図 5.12　血管内 MRI

のようにコイルを診たい部分の近くに導入する．これにより図（c）のように，体外コイルの場合に比べ高解像度の像を得ることができる．この場合に体外からの電圧で変化できる可変容量（バリキャップ）を用いて，体内に導入した状態で共振周波数をチューニングしたり，ケーブルとのマッチングを最適化したりすることができる．このため図（d）のように，チューニング用可変容量 C_t とマッチング用可変容量 C_m をカテーテル先端部に配置する．図（d）はこれらに電圧を印加する回路や，MRI の励起パルスを照射するときに受信回路を保護する PIN ダイオードなども含んでいる．

図 5.13 は可変容量を集積化したチューニングとマッチングのためのチップである[2]．図（a）は回路とチップ断面構造である．回路は図 5.12（d）の破線内に対応し，断面構造のように MOS（Metal Oxide Semiconductor）型可変容量素子を C_t や C_m に，また SiO_2 を絶縁膜に用いた固定容量を C_1 と C_2 に用いている．図 5.13（b）には可変容量 C_m の特性を示すが，電圧を変えると静電容量が 100 pF から 350 pF に変えられることがわかる．図（c）はチップのレイアウトと写真で，カテーテルに入るように細長いチップに作られており，図（d）の

5.2 医療用マイクロシステム

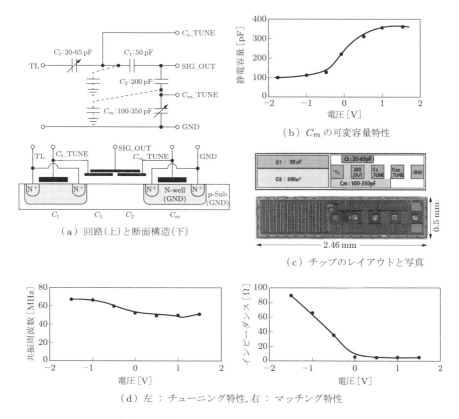

(a) 回路(上)と断面構造(下)
(b) C_m の可変容量特性
(c) チップのレイアウトと写真
(d) 左：チューニング特性，右：マッチング特性

図 5.13 可変容量を集積化したチューニングとマッチングのためのチップ

ように電圧でチューニングやマッチングを変えることができる．

カテーテル表面へコイルパターンを形成する装置を図 5.14 に示す[3][4]．カテーテルのような平面でない部分へ回路パターンを形成するため，図(a)のようにフォトレジスト（感光性樹脂，レジストともよぶ）はスプレーで塗布し，非平面露光装置を用いてカテーテルを回転したり移動したりしながら顕微鏡を通してレーザを照射し露光する．図(b)はこれによって製作した血管内 MRI 用のコイルで，左は前方視用で，右は斜前方視用である．カテーテルに金属のシード層を形成し，この上にフォトレジストでパターンを形成した後 Cu を厚くめっきする．その後フォトレジストとシード層をエッチングで除去する．この電鋳とよばれる方法でコイルを形成している．

第5章　バイオ・医療用マイクロシステム

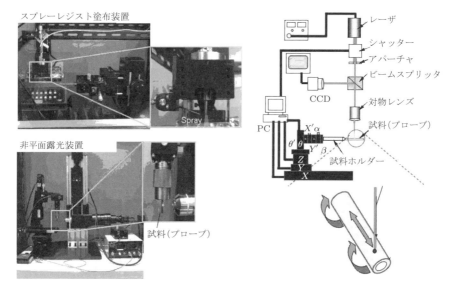

（a）レジスト塗布と非平面形露光

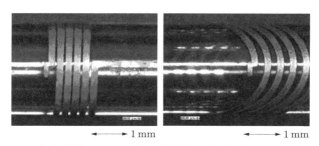

（b）製作したコイル（左：前方視用，右：斜前方視用）

図 5.14　カテーテル表面へのパターン形成

　カテーテル側面に形成した超音波センサで血管内から超音波を照射し，センサを回転させながら血管の断層像を得ることは一般に行われている．またカテーテル先端に付けた超音波イメージャを前方視用の超音波内視鏡として使うことが研究されている[5]．図 5.15 は PMUT（Piezoelectric Micromachined Ultrasound Transducer）とよばれる，微細加工による圧電型超音波トランスデューサを用いた超音波イメージャである．圧電型は 4.1.2 項などで説明したチタン酸ジルコン酸鉛（PZT($Pb(Zr,Ti)O_3$)）のような圧電材料を用い電圧を印加して超音波を送信し，反射された超音波を受信し電圧に変換する．圧電素子

5.2 医療用マイクロシステム

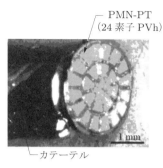

（a）カテーテル先端の超音波イメージャ

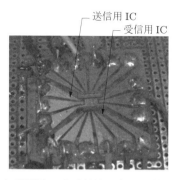

（b）送信用 IC と受信用 IC（テスト基板上）

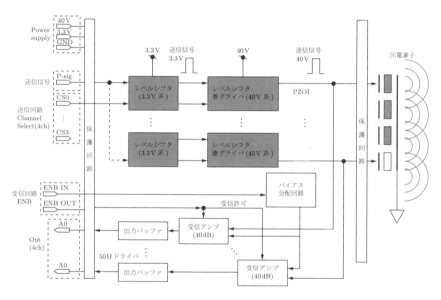

（c）カテーテル先端部の送信用 IC（上部）と受信用 IC（下部）のブロック図

図 5.15 圧電型超音波トランスデューサ（PMUT）を用いたカテーテル先端型イメージャ(1)

としてPZTよりも高性能なマグネシウムニオブ酸鉛（PMN（Pb（Mg$_{1/3}$Nb$_{2/3}$）O$_3$））とチタン酸鉛（PT（PbTiO$_3$））の固溶体（PMN-PT）単結晶を用いた．カテーテル先端に，図（a）のように圧電素子がアレイ状に作られており，これらから送信して対象で反射した超音波を受信し，3次元画像を構成する．図（b）のような送信用と受信用の集積回路（IC）をカテーテル先端に装着する．それらの回路のブロック図を図（c）に示してある．図（d）は送信ICの波形で，上は

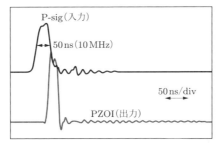

（d）送信 IC の波形（出力 40 V）

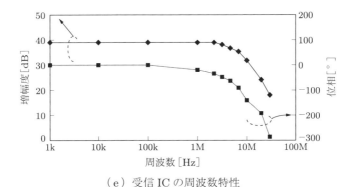

（e）受信 IC の周波数特性

図 5.15　圧電型超音波トランスデューサ（PMUT）を用いたカテーテル先端型イメージャ(2)

IC への入力，下は圧電素子への出力（40 V 出力で 10 MHz）である．また図（e）は受信 IC の周波数特性で，上のグラフは増幅度で下は位相である．

　図 5.16 は CMUT（Capacitive Micromachined Ultrasound Transducer）とよばれる（静電）容量型超音波トランスデューサである[6]．静電引力でダイアフラムを動かして超音波を送信し，対象で反射された超音波を送信し，対象が反射した超音波によるダイアフラムの動きを静電容量の変化として検出するもので，Si の微細加工技術で作ることができる．図（a）はその構造で，図（b）は同心円状に配列した CMUT アレイの写真である．図 1.12（p.11）で説明した貫通配線付 LTCC の上にダイアフラムをもつ Si を接合してある．その共振特性（共振周波数 2.3MHz），および駆動電圧と振幅の関係を図（c）に示す．図 5.17 には容量型超音波トランスデューサ（CMUT）の製作工程を示してある．

5.2 医療用マイクロシステム

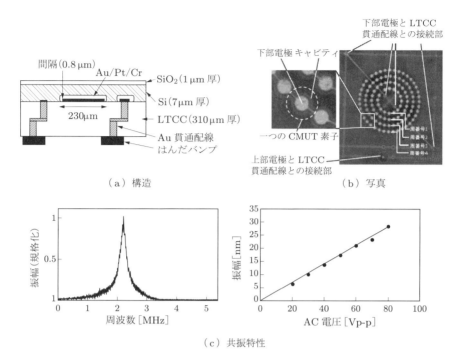

図 5.16 容量型超音波トランスデューサ（CMUT）

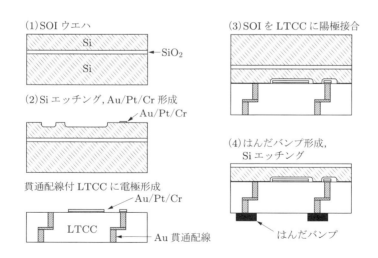

図 5.17 容量型超音波トランスデューサ（CMUT）の製作工程と写真

5.2.2 体内埋込み

緑内障患者には眼圧の管理が大切である．図5.18は瞼下に装着する大きさ2mm程の眼圧モニタで，米国のミシガン大学で開発されている[7]．図(a)はその写真と構成である．図(b)には圧力センサの製作工程を示している．エッチング加工したSiにガラスを真空中で陽極接合したあと熱処理すると，工程(2)のようにガラスが軟化して大気圧で空洞に埋まる．このあと研磨するとガラスにSiの貫通配線が形成されたものができる．これにAl電極を形成したもの（工程

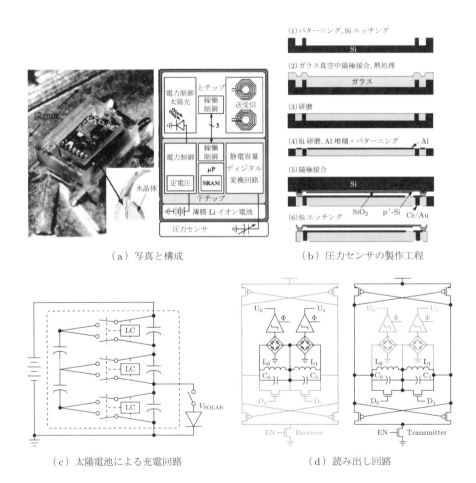

図 5.18 眼圧モニタ（ミシガン大学）

5.2 医療用マイクロシステム

(4))を，高濃度 B を拡散した Si に陽極接合する（工程(5))．最後に高濃度 B 層以外の Si を選択的にエッチングすることで，工程(6)に示す容量型の圧力センサができあがる．

大きさ $0.07\,\mathrm{mm}^2$（$250\,\mathrm{\mu m}$ 角）の砂粒ほどの太陽電池が瞼を開けたときの光で発電し，図(c)のような昇圧回路で $1\,\mathrm{\mu Ah}$ の薄膜 Li イオン電池に充電する．3日間の眼圧データを 1 週間記憶でき，外部からの読み出し信号により図(d)のような回路でデータを取り出す．図(a)に示すように，$0.4\,\mathrm{V}$ の $90\,\mathrm{nW}$ で動作する 8 ビットのマイクロプロセッサ(μP)と 4 k ビットの半導体メモリ(SRAM)を使用している．眼圧センサのように間欠的に計測すればよいセンサでは，このように低消費電力化の進んだ集積回路技術を活かすことができる．

集積化マルチ微小電極で検出された神経インパルスの情報を圧縮し，ワイヤレスで取り出す神経インパルス計測システムが開発されている（図5.19)[8]．これでは図(a)のように電力や制御信号を体外から送り，体内から神経インパルスの情報を取り出す．これは皮膚を貫通させないで，電磁的なトランス結合で行われているため感染などの問題もない．図(b)にはマルチ微小電極と体内埋込み部を示す．図(c)のような複数のモジュールからのデータを統合し圧縮する．各モジュールには微小電極からの 8 チャネルの神経インパルス信号が入力され，ASD（Analog Signal Detector）で信号がある閾値電圧レベルを超えれば神経インパルスであると認識しディジタル化され，データ結合部に送られる．アナログ出力で取り出す機能（アナログチャネル選択）もあり，このアナログ信号をディジタル信号に変換する ADC（Analog Digital Converter）でディジタル信号として取り出すこともできる．図(d)はアナログ出力の例であるが，ディジタル信号に変換して取り出したあと，ディジタル信号をアナログ信号に変換して表示してある．このアナログ出力を用いるモニタモードでは，神経インパルス波形に関する詳細な情報を得ることができる．

図5.20は情報圧縮回路の構成である．図(a)のようにモジュール内では 8 電極（チャンネル）からの信号を直列のディジタルデータに変換する．4モジュールからの信号を受けたデータ統合部では図(b)のように，どの電極でどの時間に検出した信号であるかの情報をパケットとしてディジタル出力する．このワイヤレス多チャンネル神経インパルス検出システムでは，ディジタル出力を用いたスキャンモードで，神経インパルスに関する大量の情報を圧縮したデータとして

第5章 バイオ・医療用マイクロシステム

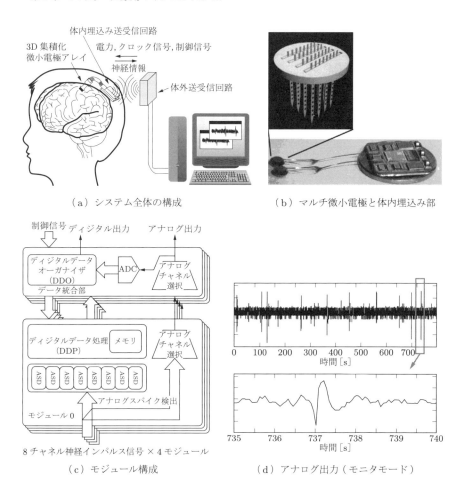

(a) システム全体の構成　　(b) マルチ微小電極と体内埋込み部

(c) モジュール構成　　(d) アナログ出力（モニタモード）

図5.19　神経インパルス計測システム（1）（ミシガン大学）

取り出すことができる．

図5.21は低電力で心電図（ECG）の心拍を知るためのR波を検出する専用LSIである[9]．図(a)で「SUB2とSUB3が設定された閾値を超え，SUB1の傾きが負のとき，この波形をR波とみなす」というアルゴリズムを工夫し，体動によって発生する筋電信号の混入などによる基線の動きに影響されないようにしている．図(b)はそれに基づいてR-R間隔（心電波形で大きな信号であるR波の間隔で，心拍数の逆数に相当）を検出する専用LSIであり，市販の低電力LSIにつないで使用する．図(c)のように1.7μW程度に低消費電力化されてお

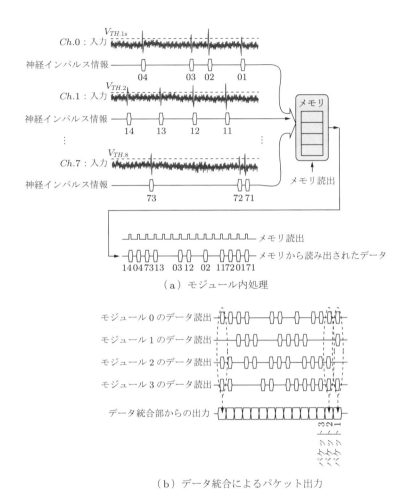

(a) モジュール内処理

(b) データ統合によるパケット出力

図5.20 神経インパルス計測システム（2）スキャンモード（ミシガン大学）

り，これはマイクロプロセッサを動作させた場合に比べ85％電力削減したことになる．図(d)にはR-R間隔の測定例を示すが，R-R間隔のゆらぎはストレスの指標になる．

図5.22はセンサモジュールを低電力化する方法である．図5.18の眼圧モニタの例のように，時間的な変化がゆっくりした信号に対しては，低消費電力回路で間欠動作させることによって，センサモジュールを低電力化できる．これに対して時間的な変化が速い信号では，図5.19や図5.20の神経インパルス計測シ

第5章　バイオ・医療用マイクロシステム

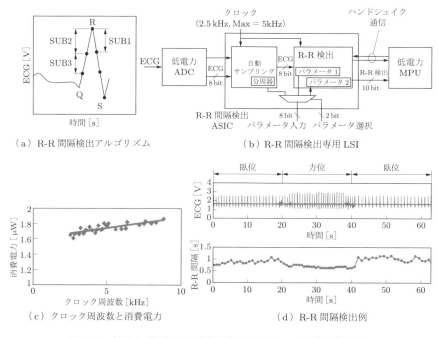

図 5.21　低電力で心拍の R 波を抽出する専用 LSI（兵庫県立大学）

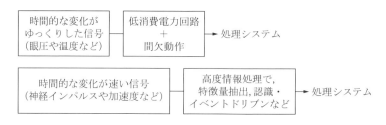

図 5.22　センサモジュールの低電力化

ステム，あるいは図 5.21 の心拍抽出のように，情報処理機能で情報を圧縮する．このように抽出した必要な情報だけ，あるいはイベントドリブンで異常が生じたときの情報だけを送信すれば，センサモジュールやワイヤレスセンサの消費電力を減らすことができる．これによって電池交換の頻度を減らしたり，発電機構と組み合わせて電池交換を不要にすることができる．

第6章 製造・検査装置

　情報機器などに用いられる MEMS に比べ，製造・検査装置に使われる MEMS は少量で高付加価値である．そこで本章では，多くの応用の中で，以下では LSI の露光，および顕微鏡とマイクロプローブの例を紹介する．次世代の露光技術とした期待されている，短波長の極端紫外光（EUV 光）の光源に求められているフィルタについて述べる．LSI をマスクレスで描画して，開発効率を上げたり多品種少量生産したりするための，超並列電子線描画装置には，MEMS と LSI とのヘテロ集積化技術が活かせる．研究ツールとしては，表面で原子分子レベルの観察や操作を行うマイクロプローブなど，さまざまな用途で MEMS は用いられている．

6.1 LSI 露光

6.1.1 光露光

　MEMS 技術は LSI 検査などに重要な役割を果たしている．MEMS を用いたプローブカードはウェハテストに用いられ，ウェハ上での一括テストなどを可能にしており，温度を上げた状態でテストするウェハレベルバーンインテストなども行われている[1]．また LSI テスタは，MEMS を用いたスイッチが入力部に用いられ，入力部にトランジスタを用いた場合に問題になる静電破壊による故障を防いでいる[2]．ここでは，LSI パターンを形成する露光で用いられる MEMS 技術を取り上げる．

　LSI 製造に用いられる最新の縮小投影露光装置には，照明光学系に MEMS によるマイクロミラーアレイ（Flex Ray^{TM}）が用いられている[3][4]．これは図 6.1 のように，5 cm × 5 cm に 1 mm 角のミラーが約 1000 個配列されたもので，各ミラーの角度は光学的に同時計測して制御され，マスクのパターンに合わせて照明が最適化される．

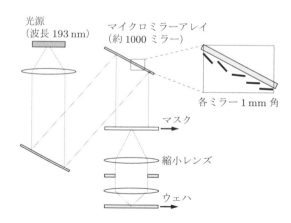

図 6.1　縮小投影露光機の照明最適化に用いられるマイクロミラーアレイ（ASML 社）

6.1.2 EUV 光源用フィルタ

LSI の微細化が進み，Si ウェハ上にパターンを転写する次世代技術として，短波長の極端紫外 EUV（Extreme Ultra Violet）光を用いた露光技術が研究されている．その実用化には光源の強度を高める必要がある．波長 13.5 nm の EUV 光を発生せさるには，図 6.2(a) のような LPP（Laser Produced Plasma）とよばれる方法がある．これでは Sn 液滴に赤外（IR）光の CO_2 レーザ（波長 10.6 μm）を照射し，生じるプラズマから EUV 光を発生させる．これに IR 光をカットして必要となる EUV 光だけを透過させるフィルタが開発された[5]．図(b)に製作工程，図(c)に写真，図(d)にそのフィルタ特性を示してある．4.5 μm のピッチをもつ Mo（モリブデン）による自己支持格子構造を用い，IR 光透過率が 0.25 %で，EUV 光透過率が 78 %のフィルタが得られている．

6.1.3 超並列電子線描画装置

LSI の回路パターンを多数形成したフォトマスクを一括転写するのではなく，光や電子ビーム（EB（Electron Beam））などを用い，描画して LSI のパターンを形成する方法はマスクレス露光とよばれる．この方法で複雑なパターンを形成するには時間がかかるため大量生産には適していないが，大規模なものでは 1 セット数億円にもなる高価なフォトマスクを使用しなくて済むため，少量生産に適しており，また開発期間を短縮するにも有効である．これは 3D プリンタを用いると型を作らなくてもコンピュータから直接製品を作れることに似ており，LSI のディジタルファブリケーションに相当する．このマスクレス露光を目的に，スループットの大きな超並列電子線描画装置の開発が行われている．その概念図を図 6.3(a) に示す．この装置には東京農工大学の越田信義教授や(株)クレステックが開発してきたナノクリスタルシリコン（nc-Si）電子源が用いられている．HF(フッ化水素)水中で Si を陽極化成して形成した多孔質シリコンを酸化し，図(b)のようなトンネル接合のカスケード構造にしてあり，加速した電子が表面の薄い Au を透過し，図(c)のように 10 V ほどの低電圧で電子を放出させることができる[6][7]．この nc-Si 電子源を駆動用集積回路の上に形成し，100 × 100 のそれぞれの電子源にそれぞれ駆動回路を付けて電子放出を個別に制御でき

第6章 製造・検査装置

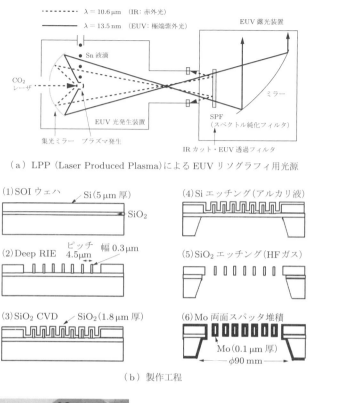

(a) LPP (Laser Produced Plasma)によるEUVリソグラフィ用光源

(b) 製作工程

(c) 写真

(d) フィルタ特性

図6.2 EUV光源用フィルタ

るようにしたアクティブマトリックス電子源としてある．先端的な半導体技術では，直径300 mmのSiウェハ上にはトランジスタが1兆（10^{12}）個ほど作られているが，100×100の1万（10^4）本の並列電子源で描画すると，1億（10^8）

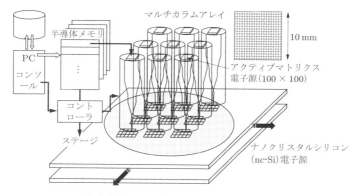

(a) 超並列電子線描画装置の概念

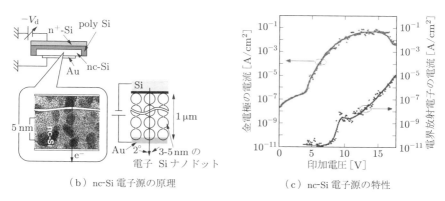

(b) nc-Si 電子源の原理　　　　　　(c) nc-Si 電子源の特性

図6.3 ナノクリスタル Si（nc-Si）電子源を用いた超並列電子線描画装置

回繰り返し描画する必要がある．これを 1000×1000 の100万（10^6）本の並列電子源で描画できれば，100万（10^6）回繰り返して描画すればよいことになる．10 mm 角のチップを用いた現在の 100×100 のものでは，1電子源の駆動回路が $100\,\mu m \times 100\,\mu m$ の大きさになっている．これを 1000×1000 にするには1電子源の駆動回路を $10\,\mu m \times 10\,\mu m$ に作らなければならない．駆動電圧が大きいほどトランジスタが大きくなるため，電子源の大きさはそれによって制約されている．

図6.4(a)にピアースガンとよばれる湾曲構造にした電子源の構造を示す[8]．湾曲構造は MEMS 技術で Si をエッチングして製作される．ここから，放出される電子線を図(b)のような等倍露光装置で，レジストを露光させた実験結果を図(c)に示してある．図(d)は集積回路と接合したアクティブマトリックス

第6章 製造・検査装置

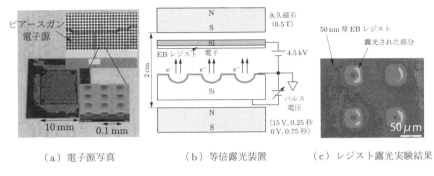

(a) 電子源写真　　(b) 等倍露光装置　　(c) レジスト露光実験結果

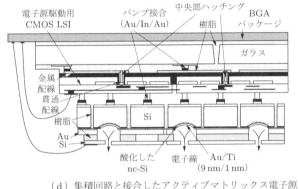

(d) 集積回路と接合したアクティブマトリックス電子源

図 6.4　ピアースガン型 100 × 100 電子源

電子源の構造である．図 1.6(c)(p.7) で説明したデバイス転写（via-first）で製作され，電子源は裏面で駆動用集積回路に金属バンプで接続されており，駆動用集積回路はガラスに樹脂接合されている．このピアースガン型の電子源では，湾曲構造からの電子を引き出したときに，細くて平行な電子線となる．100 × 100 の電子源から放出される電子線を，1/100 にしてウェハ上へ縮小投影することができる．

図 6.5 は 100 × 100 電子源に用いるアクティブマトリックス駆動用集積回路である[9]．図 (a) には 1 電子源分の駆動回路，図 (b) にはチップ写真とパッドレイアウトを示す．電子源の写真で同心円状に電気的に切り離されているのは，オフセット電圧で電子的に収差補正するためである．

予備実験として 15 × 15 の平面型電子源を用いて行っている露光実験を図 6.6 に示す．図 (a) は貫通配線を用いた平面型電子源で，図 (b) のように市販集積

6.1 LSI露光

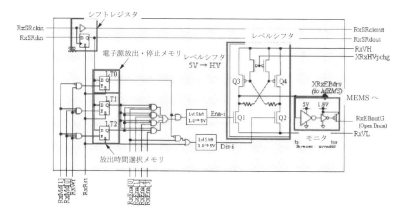

（a）1電子源分の駆動回路

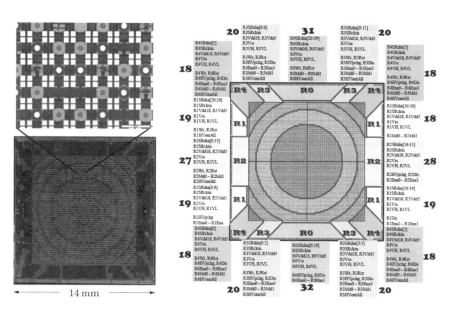

（b）チップ写真とパッドレイアウト

図6.5 100×100電子源駆動用集積回路

回路を用いてこれを駆動する．図（c）のような露光実験装置を使用し，等倍でレジストを露光した実験結果が図（d）である．電子線照射で露光したレジスト部分（写真の白い部分）が露光されるべき部分に対応しており，アクティブマトリックス動作が確認された．

第6章　製造・検査装置

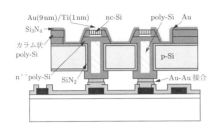

（a）平面型電子源

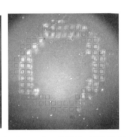

（b）電子源と駆動用市販集積回路　　（c）露光実験装置　　　　（d）レジスト露光実験結果
　　　　　　　　　　　　　　　　　　（等倍用兼1/100縮小用）

図6.6　15×15の平面型電子源を用いた露光実験

6.2 顕微鏡とマイクロプローブセンサ

6.2.1 大気圧走査電子顕微鏡

　光学顕微鏡は分解能が200 nm程度であり，より微細な構造を観察するには電子顕微鏡が用いられるが，後者は試料を真空中に置く必要がある．生物試料などを観察するため，薄膜で真空から試料を隔離する環境セルが開発されている．電子顕微鏡には薄い試料を用いて電子線を透過させる透過電子顕微鏡（TEM（Transmission Electron Microscope））と，走査しながら照射された電子線によって表面から発生する二次電子を検出する，走査電子顕微鏡（SEM（Scanning Electron Microscope））がある．TEM用の環境セルは2枚の薄膜で薄い試料を挟んで保持するものである[1]．これに対してSEMの場合は，大

気中に置いた試料に薄い薄膜を透過させて真空中から電子線を照射する．

図 6.7 はこの大気圧走査電子顕微鏡（ASEM（Atmospheric Scanning Electron Microscope））である[2]．図（a）のように薄膜を透過した電子線で液中の試料を照射し，反射電子を検出して像を得るようにしている．上部には光学顕微鏡（光顕）も搭載しており，図（b）のように両顕微鏡で同視野観察が可能である．薄膜は MEMS 技術で作られた厚さ 100 nm ほどの窒化 Si（Si_3N_4）であり，細胞を金コロイドで染色することで 10 nm ほどの分解能で観察できる．

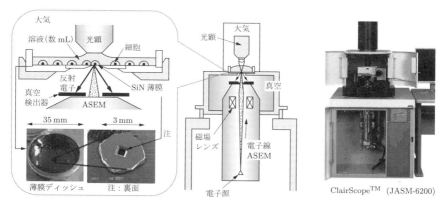

（a）原理と構造・写真

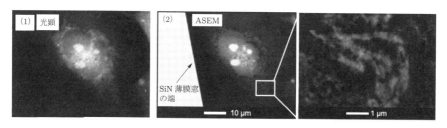

（b）COS7 細胞内小胞の観測例

図 6.7 大気圧走査電子顕微鏡（日本電子㈱）

6.2.2 マイクロプローブセンサ

デバイスの表面性状や表面特性の研究，あるいはナノサイエンスなどの基礎科学分野で利用するために，走査型プローブ顕微鏡（SPM（Scanning Probe Microscope））などのさまざまなマイクロプローブセンサやその応用システム

が開発されている．図6.8は分子サンプリング機能をもつマイクロプローブである[3][4]．図(a)の原理に示したように，表面を観察する際は原子間力顕微鏡（AFM）として動作させるが，未知の分子をプローブで拾って，飛行時間型の質量分析計に分子を導入して検出する機能をもつ．この観察モードと質量分析モードの切り替えは，静電駆動型のアクチュエータによって行う．質量分析モードでは，プローブの先端が引き出し電極の前にくるようになっており，パルス電圧を印加することで分子を電界蒸発させ，質量分析計に導入するしくみである．図(b)にはプローブ先端と引出電極の写真を示してある．また，図(c)は製作したプローブで400 nm径のラテックス球を一つだけつかんで，電界蒸発させた前後のAFM像である．これを原子や分子に応用することで，表面の不純物物質の同定などに利用できる．このプローブの製作では図(d)に示す方法を用いている．砂を吹き付けるサンドブラスト加工でガラス基板に溝を形成し部分的に除去する（工程(1)～(3)）．Siを陽極接合して，それを50 μmの厚さに研削

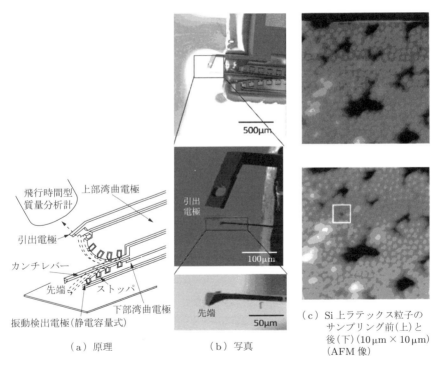

図6.8 分子サンプリング機能をもつ原子間力顕微鏡（AFM）用プローブ(1)

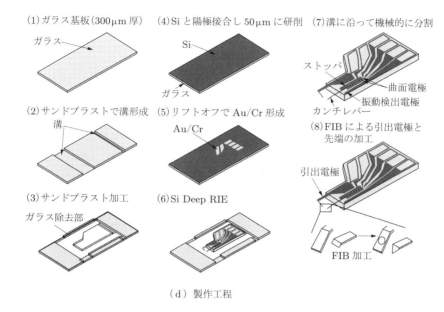

(d) 製作工程

図6.8　分子サンプリング機能をもつ原子間力顕微鏡（AFM）用プローブ(2)

する（工程(4)）．部分的にAu/Crを堆積した後（工程(5)），パターンを形成したレジストをマスクにしてSiをDeep RIEで除去する（工程(6)）．工程(2)で形成した溝に沿って機械的に分割し（工程(7)），カンチレバーや引出電極に集束イオンビーム（FIB）加工で，それぞれ原子間力顕微鏡（AFM）用のプローブ先端，および引出電極の孔を形成する（工程(8)）．

走査型プローブ顕微鏡（SPM）に共振子を用いたものでは，自己励振，自己検知機能が重要である．とくに液中で試料を検出したりする際は共振子のダンピングが生じるので，電気的なQ値の増加により力感度を高める必要がある．図6.9(a)に示した水晶プローブは，それ自身がもつ圧電性を利用して自己励振・自己検出が可能である[5]．

図(b)に水晶プローブの製作工程を示す．プラズマを照射することによって低温で界面接合を行うプラズマ活性化接合により，水晶基板をSiに接合し，研磨で水晶を薄くする（工程(1)(2)）．これにSOIウェハをプラズマ活性化接合してから，そのSi活性化層だけを残す（工程(3)(4)）．Siをエッチングして突起を形成した後（工程(5)），Au/Crの電極を形成し（工程(6)），水晶を反応性イオンエッチング（RIE）で加工する（工程(7)）．裏面からSiをDeep RIEし

第6章 製造・検査装置

（a）水晶プローブの先端写真

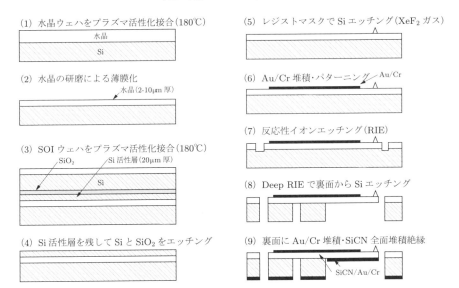

（b）製作工程

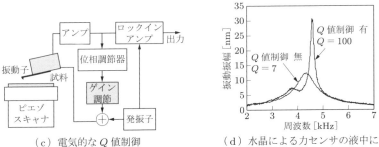

（c）電気的な Q 値制御

（d）水晶による力センサの液中における電気的な Q 値増幅

図 6.9　走査型プローブ顕微鏡用水晶プローブ

てプローブとして加工し（工程(8)），最後に裏面のAu/Cr電極を形成し，電極を液から絶縁するため全面にSiCNを堆積する[6]．図(c)のように電気的にQ値を増大させるには，検出した変位信号の位相を調整し，速度に相当する信号に変換して駆動信号に重畳して行っている．ダンピングは速度信号の大きさにかかわっており，前述のフィードバックにより速度項を調整することでQ値が増大できる．図(d)は水晶プローブを液中に入れて，Q値を制御したもので，14倍程度にQ値が増幅されていることがわかる．

半導体微細素子やナノ材料などでは，不純物濃度のゆらぎなどがデバイス特性に影響を与えるため，局所的な導電率を測定する技術が重要である．図6.10(a)，(b)に示したものは，個々のプローブが静電駆動できる4端子プローブで，局所的な導電率を測定することができる[7]．個々のプローブには静電櫛歯電極型アクチュエータが集積化してあり，面内方向に動かすことができる．一つのプローブを原子間力顕微鏡のプローブとして用いて表面観察し，目的のターゲット位置

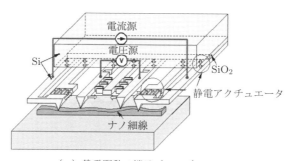

（a）静電駆動4端子プローブ

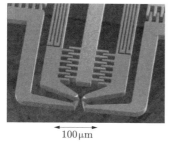

（b）作製した4端子プローブ

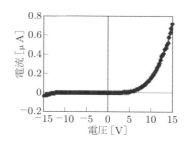

（c）ナノ細線の特性測定

図6.10　静電駆動型4端子プローブとナノ細線の電気特性評価

にプローブを動かして測定する．図(c)は実際にカーボンナノ細線の電気伝導をプローブで測定した結果である．

走査型プローブ顕微鏡（SPM）において，高速に走査したり低温でも大変位を得たりするために電極を付けた圧電材料を直列にした構造の積層PZTアクチュエータを用いた．図6.11に示す圧電駆動XYマイクロステージが開発されている[8]．これには図(a)に示すような工程で微小な積層PZTアクチュエータをPZTセラミックに製作した．これではPZTセラミック板にダイシングで溝

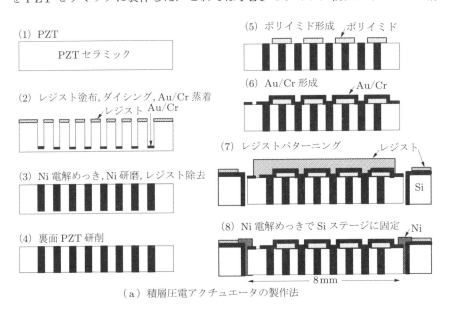

(a) 積層圧電アクチュエータの製作法

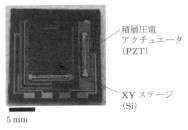

(b) アクチュエータを取り付けた Si製XYステージの写真

(c) 変位拡大機構

図6.11 圧電駆動マイクロXYステージ

を入れ（工程(2)），溝を電解めっきによる Ni で埋める（工程(3)）．研磨後，Ni 表面をポリイミド樹脂で一つおきに絶縁し（工程(5)），Au/Cr で一つおきに接続する（工程(6)）．図(b)の写真のように，変位拡大機構を含む Si の XY ステージ構造は Deep RIE で加工し，製作した積層 PZT アクチュエータを局所的な電解めっきを用いて固定してある．この固定法については図(a)の工程(7)(8)に示した．

PZT は大きな力を発生できるが変位は小さいため，図(c)に示した Moonie 型とよばれる変位拡大機構が内蔵されており，図中の $\Delta X/\Delta L$ として 15 倍に変位が拡大できる．60 V の駆動電圧で約 16.5 μm 変位し，450 Hz で駆動できる．

図 6.12 に示したのは，静電櫛歯駆動型のマイクロ XYZ ステージであり，大きな変位が得られるようにしたものである[9]．2 個の 1 軸の静電アクチュエータ（Z ステージ）と 1 個の XY アクチュエータをチップレベルで組み立て立体的な構造を製作している．各チップは Si の薄い板ばねを用いて支えることにより，できるだけ駆動の抗力にならないように設計してあり，電気的にはフィードスルーとよばれる貫通配線につながるパッド部分で接続してある．120 V の印加電圧で，約 60 μm の最大変位が得られており，低温でも駆動変位の劣化がみられない．また，変位は内蔵してある容量型変位センサを用いて測定できる．

マイクロプローブを用いた振動型のセンサでは高い Q 値が要求され，プラズマ加工を用いたときのプラズマダメージが問題となる．これでは，プラズマ中のイオンだけでなく，高エネルギーの紫外線などもダメージの原因になると考えられている．このダメージを低減する加工装置として，図 6.13(a)に示した中性

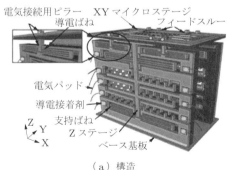

（a）構造

（b）外観

図 6.12　静電駆動型 XYZ マイクロステージ

第6章 製造・検査装置

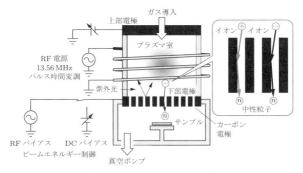

(a) 中性粒子ビームエッチング装置

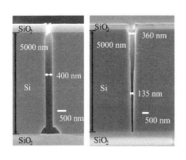

(b) 反応性イオンエッチング（左）と中性粒子ビームによるSiエッチング（右）エッチング断面の比較

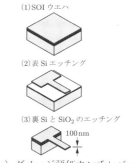

(c) ダメージ評価カンチレバー

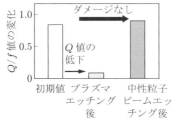

(d) エッチングによるダメージの違い

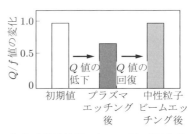

(e) 中性粒子ビームエッチングによるプラズマ照射ダメージ層の除去

図6.13 ダメージを生じない中性粒子ビームエッチング

粒子ビームエッチング装置が有効である．この装置では，高周波で発生したプラズマ中のイオンがカーボン電極に形成したアパーチャ（孔）を通る際に中性化されて，中性粒子ビームになることを利用している．図(b)は，反応性イオンエッチングと中性粒子ビームによってSiをエッチングした断面を比較したものであ

るが，中性粒子ビームは電荷をもたないために帯電による異常エッチングがみられない．図（c）に示したカンチレバー構造をもつ 100 nm の厚さの Si サンプルにおいて，その効果を調べたところ，図（d）に示したようにプラズマ照射では Q 値が 1/10 に減少したが，中性粒子ビームの照射では，Q 値の低下がみられないことがわかる[10][11]．なおグラフでは Q を共振周波数 f で除した Q/f で表してある．また図（e）に示したように，プラズマエッチングで生成したダメージ層を中性粒子ビームエッチングで除去することにより Q 値を回復することができる．このような効果は薄膜の振動構造だけでなく，バルク Si を加工して形成した静電結合型バルク音響波（BAW）振動子においても，有効性が示されている．

6.3 電磁ノイズイメージング

ディジタル・アナログ混載チップでは，ディジタル回路から発生する高周波電磁ノイズが，同一チップ上のアナログ回路に混入する電磁干渉（EMI（Electro Magnetic Interference））が問題になる．図 6.14 に EMI 対策のためチップ上の電磁ノイズの発生源および混入経路の特定を目的に開発されたアクティブ近傍磁界プローブと測定例を示す[1]．

高空間分解能にはコイルが小さい必要があるが，これでは誘起される電圧も小さくなる．このため直近で増幅してコイル‐増幅器間の配線からの雑音の混入を小さくするため，図（a）のようにループコイルと低雑音増幅器をオンチップ集積化してある．ワイヤレス通信の受信回路で使用されている 2.1 GHz 帯を目的に，0.18 μm Si-CMOS テクノロジーで設計し，磁界プローブの PCB（Printed Circuit Board）基板先端に実装してある．測定例で示すテスト用チップ上には任意雑音発生器が集積化されている．これはディジタル回路から発生するスイッチングノイズを模擬した回路であり，124.8 MHz のクロック周波数で駆動し，その 17 倍高調波である 2.1216 GHz 成分を測定した．図（b）には，このアクティブ近傍磁界プローブを用いて測定したチップ上の電磁ノイズ分布を示している．プローブをある間隔で動かしながら近傍磁界を測定し，プローブの向きを面内で 90 度回転させて測定したチップ上の X 方向および Y 方向の 2 成分について，それらの 2 乗平均をその位置における磁界強度としている．

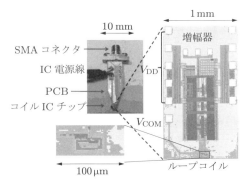

（a）アクティブ近傍磁界プローブ

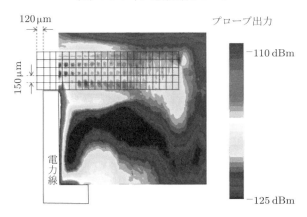

（b）電磁ノイズ測定側

図 6.14　アクティブ近傍磁界プローブと測定例

第7章

高度化と有効活用への道

　MEMSは毎年13％ほどの割合で売上げが伸びて，システムの重要な役割を果しているが，さらに高度化して発展するためには多くの課題に取り組んでいく必要がある．多様な技術の組み合わせで標準化がしにくく，しかも原理・構造・製造方法・応用などが関係し合い，試作に設備が必要なため開発は難しい．LSIとの融合となると，開発費用や必要となる知識などでさらに難しい．本章では「試作コインランドリ」のような設備共用や情報共有，人材育成，国際化などのオープンコラボレーションを通じた組織間の協力関係のあり方などにも触れる．

7.1 LSIとの融合

製品として利用されているMEMSの多くは，高密度集積回路（LSI）と組み合わせたヘテロ集積化の形で用いられている．これには画像関係で多数配列して用いられる場合のように回路上にMEMSを一体で製作したモノリシック方式（図1.5（a））もあるが，回路とMEMSを別々に製作して近くで接続する方式（図1.5（b））もある．1.3節では今後の方向として，LSI上への転写によるヘテロ集積化（図1.5（c））について説明した．LSIはファウンドリで作られるが，その試作費用を節約するため，同じウェハ上に異なる複数の機関のものを製作する「乗り合いウェハ」について1.2節で説明した．3.1.1項で説明した安全なロボットのための触覚センサネットワークのように高度化によって有用なシステムとなり，高密度LSIを用いる利点は多い．しかし，進歩したLSIを設計するには高度で専門的な知識が必要となり，大量に使われない場合は開発製作費用などが問題となる．LSIとの融合によるヘテロ集積化技術を高度化して，実際に役立つものとすることは重要なテーマであるが，以下のように多方面からの努力で推進されている．

7.2 オープンコラボレーションと「試作コインランドリ」

さまざまな分野で用いられるヘテロ集積化デバイスは，多様な技術を用いるMEMSを高度に進化したLSIに融合させるため，情報や施設を共有するオープンコラボレーションが不可欠である．産業に結び付くには，基礎から応用までつながっていて効率よく研究開発できる環境が必要であるが，図7.1の中段に示すようにわが国の現状では，大学や公的研究機関では基礎，会社では応用と分かれている．グローバル化のなかで基礎から研究開発する余裕がなくなった企業は，国外の成功しそうなベンチャー企業などを事業統合することによって新規事業への展開をはかる傾向がみられる．これに対して欧州などでは，大学や公的研究機関が協力し合い，共用の設備で完成度の高い試作を行うことで，効率よく産業化を

7.2 オープンコラボレーションと「試作コインランドリ」

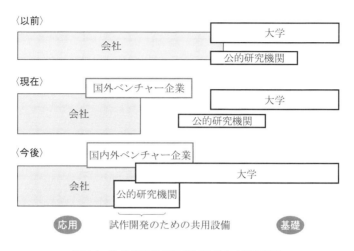

図 7.1 次世代産業の製品に結びつく研究開発

進めている.なお,次の 7.3 節では東北大学と欧州にある研究所との連携にふれる.

東北大学では,企業の研究者などが来て自分で試作する「試作コインランドリ」が実施されている[1].設備のある施設に行って自分で操作して行うことから親しみやすい「コインランドリ」という表現を採用した.なお英語では Hands-on Access Fabrication Facility とよばれる.図 7.2 は「試作コインランドリ」が利用されている様子である.

図 7.3 にクリーンルームのレイアウトを示す.1800 m² のクリーンルームに,以前使われていたパワートランジスタ工場の設備を中心に,使われなくなって寄付された半導体設備などを加えて低コストで利用できるようになっている.「試作コインランドリ」では大学に蓄積されたノウハウをもとにして,デバイスやプロセスの設計評価や装置操作の指導などスタッフが支援している。これまでに企業約 180 社が利用して製品化につながった例もある.ここで製作したものを製

図 7.2 「試作コインランドリ」内部の写真

第7章　高度化と有効活用への道

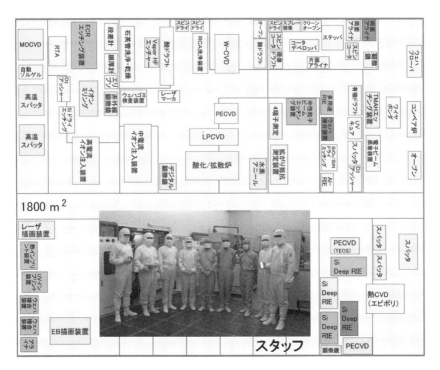

図7.3　「試作コインランドリ」のクリーンルームレイアウト

品として市販することも可能である．

　初期段階の研究開発は，小規模で自由度の高い設備で行ったほうが効率よい．このため東北大学では自作の設備を中心にして20 mm角のウェハを処理する「初期試作」の設備を有している．図7.4に示すように，東北大学を中心にして産業技術総合研究所の8インチの「量産試作」，あるいは仙台にある「開発請負」や「生産請負」の会社と連携して進めており，企業の協賛による「仙台MEMSパークコンソーシアム」[2]を中心に，「試作コインランドリ」も含めたオープンコラボレーションを行っている．

　「仙台MEMSパークコンソーシアム」では，「試作コインランドリ」の建物内に，図7.5の「仙台MEMSショールーム」[3]を設置して実際のMEMSデバイスを展示しており，ここには図(a)に示すように国外の共同研究機関や連携企業の展示コーナーもある．また毎年各地で3日間の「MEMS集中講義」を無料で開催している．

7.2 オープンコラボレーションと「試作コインランドリ」

図 7.4 「仙台 MEMS パークコンソーシアム」を中心としたオープンコラボレーション

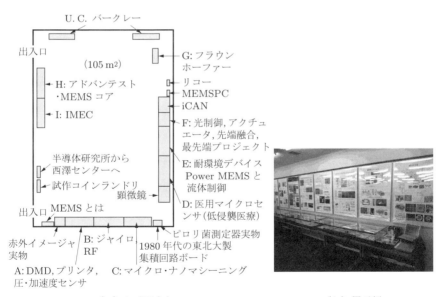

(a) レイアウト　　　　　　　　　　　(b) 展示例

図 7.5 仙台 MEMS ショールーム

第7章 高度化と有効活用への道

7.3 グローバル化

　国外の組織と連携することは，国際レベルの情報を得るだけでなく，よりよいしくみを学んでいくためにも重要である．

　ドイツのフラウンホーファー研究機構[1]は，図7.6(a)のように各大学に分室をもって協力するしくみで行っている．また企業との研究で運転資金の40％ほ

（a） 各大学に分室をもって協力するしくみ

（b） 交流協定調印式（ミュンヘン）（2005/7）

（c） 第1回「フラウンホーファーシンポジウム in 仙台」（2005/10）

（d） 「プロジェクトセンター」調印式（仙台）（2011/11）

図7.6　ドイツ フラウンホーファー研究機構との連携

どを賄うしくみで，産業化の動機づけもあるため社会に貢献している．10年ほど前に仙台市長と訪問し，交流協定を締結した．それ以来，毎年「フラウンホーファーシンポジウム in 仙台」を仙台市で開催している（図(c)）．また，2011年から東北大学に「プロジェクトセンター」が設置され，研究員が常駐して共同研究を行っている（図1.13(b)や図1.15はその成果）．

ベルギーのIMEC（Interuniversity Micro Electronic Center）は，LSI分野で先端的な研究を行っており[2]，図7.7(a)のような形で多くの企業が参加している．米国のスタンフォード大学，スイスのローザンヌ工科大学（EPFL）とともに，アジアの戦略連携校（strategic partner）として東北大学とも交流しており，毎年交互に共同セミナーを開催している（図(c)）．自由度のある東北大学と，本格的な設備のIMECとの相補的な関係で共同研究を行っている．

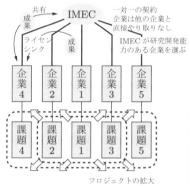

（a）共同プロジェクトの構成

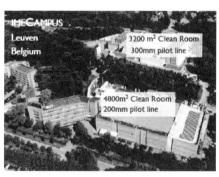

（b）キャンパス

（c）交流協定調印式（東京）（2012/6）

（d）IMECの戦略連携校

図7.7 ベルギーIMECとの連携

第7章 高度化と有効活用への道

7.4 人材育成

　直接的に企業の人材を育成する「試作コインランドリ」のような活動と同時に，高校生や大学生などの次世代の人たちも育てていく必要がある．前者の目的のため「MEMSパークコンソーシアム」では，図7.8(a)に示す「MEMS人材育成事業」[1]を行っている．この人材育成事業では，100万円の費用を支払うと3ヶ月間，MEMSに関する基礎講座および試作実習を受講できる．テーマを自分で決めて行うため短期間で開発できることにもなる．この開発をもとに実際の製造につながった圧電MEMSスイッチ†もある（図7.8(b)）．

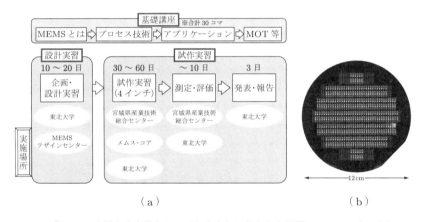

図7.8　「MEMS人材育成事業」と，それをもとに作られた圧電MEMSスイッチウェハ（アドバンテスト㈱）

　高校生や大学生を対象にして，MEMS応用に関する国際コンテストであるiCAN(International Contest of Applications in Nano-micro technologies)[2]を開催している．企業が提供したMEMSを応用したシステムを創作するもので，図7.9にその様子を示す．図(c)，(d)は優勝チームのシステムで，図(c)の指文字翻訳機は指の動きを加速度センサや磁気センサで検知し，音声に変換するシステムである．図(d)は茶せんに各種MEMSセンサ（加速度センサ，ジャイロセンサ，赤外線センサ）を搭載し，無線でコンピュータにつないだ[3]．美味しいお茶の条件

---
†　同じような圧電MEMSスイッチについては，2.1.3項で説明している．

7.5 MEMS のこれから

（a） iCAN'14 参加者（仙台）（21か国）

（b） ホームセキュリティロボット（iCAN'14）
（福島県立郡山北工業高等学校）

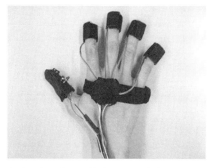

（c） 指文字翻訳機（iCAN'11）（京都大学）

（d） センサ付茶筅（iCAN'15）
（東北大学，大阪大学，ナチュラルサイエンス）

図 7.9　高校生や大学生の MEMS 応用コンテスト iCAN

として「滑らかさ」「泡のきめ細かさ」「濃さの均一性」「適度な温度」の四つの観点から，理想のお点前にどのくらい近いかを点数化する[3]．お茶のでき具合を点数化することで，世界中どこでも茶道のお稽古ができるというアプリケーションである．なお，この一連のコンテストからベンチャー企業なども生まれている．

7.5 MEMS のこれから

　LSI，情報処理，ネットワークなどの技術が高度化し，それを有効に活かすにはセンサなどの MEMS 技術が欠かせない．しかし，高度で多様なこの技術の開発は容易ではない．設備の共用や，知識・経験のある人材を育てることなど課題は多く，その障害になる制度やしくみなども見直しながら進めていく必要がある．

参考文献

第 1 章

■ 1.1 節

[1] 江刺正喜：はじめての MEMS, 森北出版（2011）

[2] 小野崇人，江刺正喜：産学連携による MEMS-LSI 融合技術．InterLab．110（2014 Spring）11-16

[3] J.C.Eloy : How to increase the value in MEMS devices, SEMI テクノロジーシンポジウム（STS），東京（Dec.4, 2014）

[4] http://www.tsensorssummit.org/

■ 1.3 節

[1] M.Esashi and S.Tanaka : Heterogeneous integration by adhesive bonding, Micro and Nano Systems Letters, 1,3（2013）

[2] S.Sukegawa, T.Umebayashi, T.Nakajima, H.Kawanobe, K.Koseki, I.Hirota, T.Haruta, M.Kasai, K.Fukumoto, T.Wakano, K.Inoue, H.Takahashi, T.Nagano1, Y.Nitta1, T.Hirayama1, N.Fukushima1 : A 1/4-inch 8Mpixel Back-Illuminated Stacked CMOS Image Sensor, Digest of Technical papers of the 2013 IEEE International Solid-State Circuits Conference（ISSCC），San Francisco, USA（Feb. 20, 2013）27.4

[3] M.Lapisa, G.Stemme, F.Niklaus : Wafer-level heterogeneous integration for MOEMS, MEMS, and NEMS. IEEE J of Selected Topics in Quqntum Electronics, 17（2011）629-644

[4] F.Niklaus, P.Enoksson, P.Griss, E.Kälvesten, G.Stemme : Low-temperature wafer-level transfer bonding. IEEE J of Microelectromechanical Systems 10（2001）525-531

[5] K.Hikichi, K.Seiyama, M.Ueda, S.Taniguchi, K.Hashimoto, M.Esashi and S.Tanaka, Wafer-level selective transfer method for FBAR-LSI integration, 2014 IEEE International Frequency Control Symposium, Taipei, Taiwan（May 19-22, 2014）246-249

[6] 柳田秀彰，吉田慎哉，江刺正喜，田中秀治：MEMS 用難除去高分子材料のオゾンエッチング，電気学会論文誌 E, 131-E, 3（2011）122-127

[7] S.Yoshida, H.Yanagida, M.Esashi and S.Tanaka : Simple removal technology of chemically stable polymer in MEMS using ozone solution, J.Microelectromechanical Systems, 22, 1（2013）87-93

[8] S.Yoshida, M.Esashi and S.Tanaka : Development of UV-assisted ozone

stream etching and investigation of its usability for SU-8 removal, J. Micromech. Microeng. 24（2014）035007（8）

■ 1.4 節

［1］ 江刺正喜：MEMS のウェハレベルパッケージング，電子情報通信学会論文誌 C, J91-C, 11（2008）527-533

［2］ G.Wallis and D.I.Pomerantz: Field assisted glass-metal sealing, J. of Applied Physics, 49（1969）3946-3949

［3］ 毛利護，江刺正喜，田中秀治：LTCC 基板による MEMS ウェハレベルパッケージング技術，電気学会論文誌 E, 132-E, 8（2012）246-253

［4］ S.Tanaka, M.Mohri, T.Ogashiwa, H.Fukushi, K.Tanaka, D.Nakamura, T.Nishimori and M.Esashi : Electrical interconnection in anodic bonding of silicon wafer to LTCC wafer using highly compliant porous bumps made from submicron gold particles, Sensors and Actuators A, 188（2012）198-202

［5］ Y.-C.Lin, W.-S.Wang, L.Y Chen, M.W.Chen, T.Gessner and M.Esashi : Nanoporous gold for MEMS packaging applications, 電気学会論文誌 E, 133, 2（2013）31-36

［6］ W.-S.Wang, Y.-C.Lin, T.Gessner and M.Esahi : Fabrication of nanoporous gold and the application for substrate bonding at low temperature, Jap. J. of Applied Physics, 54（2015）030215（7）

［7］ S.Matsuzaki, S.Tanaka and M.Esashi : Anodic bonding between LTCC wafer and Si wafer with Sn-Cu-based electrical connection, Electronics and Communications in Japan, 95, 4（2012）189-194

［8］ L.Bernstein : Semiconductor joining by the Solid-Liquid-Interdiffusion（SLID）process, 1.The systems Ag-In, Au-In, and Cu-In, J. of the Electrochemical Soc., 113, 12（1966）1282-1288

［9］ K.Hikichi, S.Matsuzaki, Y.Nonomura, H.Funabashi, Y.Hata, S.Tanaka and M.Esashi : Sn-Cu thin film transient liquid phase bonding test with different underlayers using fully-in-vacuum wafer aligner/bonder, Transducers 2013, Balcerona, Spain（2013, June 16-20）1071-1074

［10］ 立石秀樹，須崎明，中田勉：半導体銅配線表面酸化膜の大気中除去装置の開発，エバラ時報，218（2008）40-44

［11］ J.Frömel, Y.-C.Lin, M.Wiemer, T.Gessner and M.Esashi : Low temperature metal interdiffusion bonding for micro devices, 2012 3rd IEEE International Workshop on Low Temperature Bonding for 3D Integration（LTB-3D）, Tokyo（May 22-23, 2012）163

第 2 章

■ 2.1 節

[1] 松村武, 原田博司：WLAN 技術による TV ホワイトスペースの活用とアップコンバージョン型 RF フロントエンドの提案, 信学技報, SR2010-43（2010-10）19-23

[2] 矢部友崇, 三村泰弘, 高橋宏和, 尾上篤, 室賀翔, 山口正洋, 小野崇人, 江刺正喜：LSI 上に一体集積化した 3 次元マイクロコイル発振器, 電気学会論文誌 E, 131, 10（2011）363-367

[3] A.Kochhar, T.Matsumura, G.Zhang, R.Pokharel, K.Hashimoto, M.Esashi, S.Tanaka : Monolithic fabrication of film bulk acoustic resonators above integrated circuit by adhesive-bonding-based film transfer, 2012 IEEE International Ultrasonics Symposium, Dresden, Germany（Oct. 7-10, 2012）295-298

[4] 平野圭介, 木村悟利, 田中秀治, 江刺正喜：Ge を犠牲層に用いた圧電 AlN ラム波共振子, 電子通信情報学会論文誌 A, J96-A, 6（2013）327-334

[5] A.Konno, M.Sumisaka, A.Teshigahara, K.Kano, K.Hashimo, H.Hirano, M.Esashi, M.Kadota, and S.Tanaka : ScAlN Lamb wave resonator in GHz range released by XeF$_2$ etching, 2013 IEEE Ultrasonics Symposium, Prague, Czech Republic（July 21-25, 2013）1378-1381

[6] S.Tanaka, M.Yoshida, H.Hirano and M.Esashi : Lithium niobate SAW device hetero-transferred onto silicon integrated circuit using elastic and sticky bumps, 2012 IEEE International Ultrasonics Symposium, Dresden, Germany（Oct. 7-10, 2012）1047-1050

[7] H.Hirano, T.Kimura, I.P.Koutsaroff, M.Kodato, K.Hashimoto, M.Esashi and S.Tanaka : Integration of BST varactors with surface acoustic wave device by film transfer technology for tunable RF filters, J. of Micromech. Microeng., 23, 2（2013）025005（9pp）

[8] H.Hirano, T.Samoto, T.Kimura, M.Inaba, K.Hashimoto, T.Matsumura, K.Hikichi, M.Kadota, M.Esashi, and S.Tanaka : Bandwidth-tunable SAW filter based on wafer-level transfer-integration of BaSrTiO$_3$ film for wireless LAN system using TV white space, Proc. IEEE Ultrasonics Symposium, Chicago, USA（Sep. 3-6, 2014）803-806

[9] A.Konno, H.Hirano, M.Inaba, K.Hashimoto, M.Esashi and S.Tanaka : Tunable surface acoustic wave filter using integrated micro-electro-mechanical system based varactors made of electroplated gold, Jap. J. of Applied Physics, 52（2013）07HD13（pp.5）

[10] T.Samoto, H.Hirano, T.Somekawa, K.Hikichi, M.Fujita, M.Esashi and S.Tanaka : Wafer-to-wafer transfer process of barium strontium titanate metal-insulator-metal structures by laser pre-irradiation and gold-gold

bonding for frequency tuning applications, Transducers 2013, Balcerona, Spain (June 16-20, 2013) 171-174
［11］ K.Matsuo, M.Moriyama, M.Esashi and S.Tanaka : Low-voltage PZT-actuated MEMS switch monolithically integrated with CMOS circuit, Technical Digest IEEE MEMS 2012, Paris, France (Jan.29 - Feb.2, 2012) 1153-1156
［12］ Y.Kawai, N.Moriwaki, M.Esashi and T.Ono : A development of automated multilayered sol-gel deposition machine for micro actuator with PZT thick film, Proceedings of the 27th Sensor Symposium, Matsue (Oct.14-15, 2010) 21
［13］ H,Iizuka and T.Ono : Low-voltage electrostatically driven nano electromechanical-switch, Proc. of Transducers 2015, Anchorage, USA (June 21-25, 2015) 560-563

■2.2 節
［1］ H.Noguchi : Latest developments on MEMS inertial sensors and its applications, SEMI Technology Symposium 2008, Makuhari (2008) 45-48
［2］ M.Kirsten, B.Wenk, F.Ericson, J.A.Schweitz, W.Riethmuller and P.Lange : Deposition of thick doped polysilicon films with low stress in an epitaxial reactor for surface micromachining applications, Thin Solid Films, 259 (1995) 181-187
［3］ L.Prandl, C.Caminada, L.Coronato, G.Cazzaniga, F.Biganzoll, R.Antonello and R.Oboe : A low-power 3-axes digital-output MEMS gyroscope with single drive and multiplexed angular rate readout, Digest of Technical papers of the 2011 IEEE International Solid-State Circuits Conf. (ISSCC), San Francisco, USA (Feb. 20-24, 2011) 301-312
［4］ S.S.Nasiri, and A.F.Flannery Jr : Method of fabrication of Al/Ge bonding in a wafer packaging environment and a product produced therefrom, Internl. patent W0 2006/101769, (2005)
［5］ J.Seeger, M. Lim, and S. Nasiri : Development of high-performance, high-volume consumer MEMS gyroscope, Solid-State Sensors, Actuators and Microsystems Workshop, Hilton Head, USA (June 6-10, 2010) 61-64
［6］ 山下昌哉：電子コンパスの技術的特徴と開発動向，SEMI テクノロジーシンポジウム（STS），東京（Dec.4, 2014）
［7］ 佐藤秀樹：超小型磁気センサの開発，第 11 回マイクロシステム融合研究会（Jan.19, 2014）
［8］ http://www.invensense.com/products/motion-tracking/9-axis/mpu-9250/
［9］ 貫井晋．進化するスマート端末　アプリケーションを支える MEMS センサー，SEMI テクノロジーシンポジウム（STS），東京（Dec.4, 2014）
［10］ P.V.Loeppert and S.B.Lee：SiSonicTM - the first commercialized MEMS microphone, Solid-State Sensors and Actuators Workshop, Hilton Head Island, (June 4-8, 2006) 27-30
［11］ P.F.Van Kessel, L.J.Hornbeck, R.E.Meier and M.R.Douglass: A MEMS-based

projection display, Proc. of the IEEE, 86, 8 (1998) 1687-1704
[12] 根津禎:どこでもディスプレイ,日経エレクトロニクス(Aug.9, 2008) 27-46
[13] N.Hagood et.al. : MEMS-based direct view displays using digital micro shutters, The 15th Internl. Display Workshops (IDW'08), Niigata (Dec.4, 2008) 1345-1348

■ 2.3 節
[1] H.Yugami, K.Kubota, F.Iguchi, S.Tanaka, N.Sata and M.Esashi : Micro solid oxide fuel cells with perovskite-type proton conductive electrolytes, 10th Power MEMS 2010, Luven, Beigium (Dec.1-3, 2010) 199-202
[2] F.Iguchi, K.Kubota, Y.Inagaki, S.Tanaka, N.Sata, M.Esashi and H.Yugami : Operation of micro-SOFC by an internal micro heater, Power MEMS 2011, Seoul, Korea (Nov.15-18, 2011) 411-414
[3] S.Murayama, .F.Iguchi, Y.Inagaki, M.Shimizu, S.Tanaka and H.Yugami : Design and fabrication of micro SOFC for the power source of mobile electric devices, Electrochemical Society Transactions (SOFC-13), 57 (2013) 799-806
[4] S.Murayama, F.Iguchi, M.Shimizu and H.Yugami : Thermal management of power sources for mobile electronic devices based on micro-SOFC, J. of Physics: Conference Series, 557 (2014) 012050-1-5
[5] M.Kumano, S.Tanaka, K.Hikichi and M.Esashi : Development of ALD system to deposit Y, Ba and Zr complex metal oxide using alkyl amidinate compound precursors for micro SOFC, 10th Power MEMS 2010, Luven, Beigium (Dec.1-3, 2010) 239-242

第 3 章

■ 3.1 節
[1] 室山真徳,巻幡光俊,中野芳宏,松崎栄,山田整,山口宇唯,中山貴裕,野々村裕,藤吉基弘,田中秀治,江刺正喜:ロボット全身分布型触覚センサシステム用 LSI の開発,電気学会論文誌 E, 131, 8 (2011) 302-309
[2] S.Kobayashi, T.Mitsui, S.Shoji and M.Esashi : Two-lead tactile sensor array using piezoresistive effect of MOS transistor, Technical Digest of the 9th Sensor Symposium, Tokyo (May 30-31, 1990) 137-140
[3] M.Makihata, S.Tanaka, M.Muroyama, S.Matsuzaki, H.Yamada, N.Nakayama, U.Yamaguchi, Y.Nonomura, M.Fujiyoshi and M.Esashi : Adhesive wafer bonding using a molded thick benzocyclobutene layer for wafer-level integration of MEMS and LSI, J. of Micromech. Microeng., 21, 8 (2011) 085002 (7pp)
[4] 巻幡光俊,室山真徳,中野芳宏,中山貴裕,山口宇唯,山田整,野々村裕,船橋博文,畑良幸,田中秀治,江刺正喜:35Mbps 非同期バス通信型触覚センサシステムの開発,電気学会論文誌 E, 134, 9 (2014) 300-307

[5] 北吉均，賀建軍，原基揚，桑野博喜：加速度センサを用いた二線式有線ネットワークによる橋脚の振動観測，第30回「センサ・マイクロマシンと応用システム」シンポジウム，仙台（Nov.5-7, 2013）6PM3-PSS-54

[6] 相馬伸一：MEMS応用感振センサの構造ヘルスモニタリングへの適用，次世代センサ，22, 2（2012）6-8

[7] R.Chand, M.Esashi and S.Tanaka : P-N junction and metal contact reliability of SiC diode in high temperature (873 K) environment, Solid-State Electronics, 94（2014）82-85

■3.2節

[1] 包忠青，原基揚，桑野博喜：表面弾性波ひずみセンサを用いた構造物ヘルスモニタリングシステム，第31回「センサ・マイクロマシンと応用システム」シンポジウム，鳥取（Oct.21-22, 2014）5PM3-PSS-53

[2] S.Hashimoto, J.H.Kuypers, S.Tanaka and M.Esashi : Design and fabrication of passive wireless SAW sensor for pressure measurement, 電気学会論文誌E, 128-E, 5（2008）231-234

[3] Y.Takizawa, T.Shibata, S.Kashiwada, Y.Yamamoto, M.Esashi, S.Tanaka : Multiple SAW resonance sensing through one communication channel with multiple phase detectors, International Frequency Control Symposium（IFCS），Denver, USA（April 13, 2015）

■3.3節

[1] 野口英剛，三宮俊，安住純一，安斎嘉祐，佐藤幸人，長久武，加藤英紀，藤本英司，石本幸由，星野祐太朗，増尾英和，安藤友一，渡辺博文：レンズ一体型超小型非接触温度センサの開発，第31回「センサ・マイクロマシンと応用システム」シンポジウム，松江（Oct.21-22, 2014）21pm1-B1

[2] T.Tsukamoto, M.Esashi and S.Tanaka : High spatial, temporal and temperature resolution thermal imaging method using $Eu(TTA)_3$ temperature sensitive paint, J. of Micromechanics and Microengineering, 23, 11（2013）114015

[3] T.Tsukamoto, M.Wang and S.Tanaka : IR sensor array using photo-patternable temperature sensitive paint for thermal imaging, J. of Micromechanics and Microengineering, 25, 10（2015）104011

■3.4節

[1] 平田泰之，木内万里夫，松岡元，小野崇人：LSI一体型赤外線リニアセンサアレイの開発，電気学会E部門総合研究会講演予稿集（2012）93-97

[2] Y.-M.Lee, M.Toda, M.Esashi and T.Ono : Micro wishbone interferometer for miniature FTIR spectrometer, 電気学会論文誌E, 130-E, 7（2010）333-334

[3] Y.-M.Lee, M.Toda, M.Esashi and T.Ono : Micro wishbone interferometer for Fourier transform infrared spectroscopy, J. of Micromech. Microeng., 21, 6（2011）065039（9）

[4] 木内万里夫，三輪昭大，西田宏：熱型赤外線センサのための SiO_2 補強構造の最適設計，日本機械学会年次大会（Sept.7-10, 2014）J2240103

第4章

■4.1 節

[1] M.Sasaki, M.Tabata and K.Hane : Driving of micromirror and simultaneous detection of rotation angle using integrated piezoresistive sensors, 2007 IEEE/LEOS Intnl. Conf. on Optical MEMS and Nanophotonics, Hualien, Taiwan (Aug.12-16, 2007) 2151-2154

[2] W.Makishi, Y.Kawai and M.Esashi : Magnetic torque driving 2D micro scanner with a non-resonant large scan angle, 電気学会論文誌 E, 130-E, 4 (2010) 135-136

[3] R.Hajika, S.Yoshida, Y.Kanamori, M.Esashi and S.Tanaka : An investigation of the mechanical strengthening effect of hydrogen anneal for silicon torsion bar, J. Micromech. Microeng., 24 (2014) 105014 (11)

[4] T.Sasaki and K.Hane : Varifocal micromirror integrated with comb-drive scanner on silicon-on-insulator wafer, J. of Microelectromechanical Systems, 21, 4 (2012) 971-980

[5] T.Sasaki, K.Hane : Initial deflection of silicon-on-insulator thin membrane micro-mirror and fabrication of varifocal mirror, Sensors and Actuators, A 172 (2011) 516‐522

[6] R. Ito, M. Wakui, H. Sameshima, F.-R. Hu, K. Hane : Monolithic microfabrication of Si micro-electro-mechanical structure with GaN light emitting diode, Microsyst. Technol. 16 (2010) 1015-1020

[7] H.Matsuo, Y.Kawai and M.Esashi : Novel design for optical scanner with piezoelectric film deposited by metal organic chemical vapor deposition, Jap. J. Appl. Phys., 49, 6 (2010) 04DL19

[8] H.Matsuo, Y.Kawai, S.Tanaka and M.Esashi : Investigation for (100)-/ (001)-oriented $Pb(Zr,Ti)O_3$ films using platinum nanofacets and $PbTiO_3$ seeding Layer, Jap. J. Appl. Phys, 49 (2010) 061503

[9] T.Naono, T.Fujii, M.Esashi and S.Tanaka : Large scan angle piezoelectric MEMS optical scanner actuated by Nb doped PZT thin film, J. Micromech. Microeng. 24 (2014) 015010 (12)

[10] 小林健：圧電 MEMS, 人材育成のための MEMS 集中講義 in 筑波大，筑波（Aug. 7-9, 2013）

[11] S.Yoshida, H.Hanzawa, K.Wasa, M.Esashi and S.Tanaka, Highly c-axis-oriented monocrystalline $Pb(Zr,Ti)O_3$ thin films on Si wafer prepared by fast cooling immediately after sputter deposition, IEEE Trans. on Ultrasonics, Ferroelectrics and Frequency Control, 61, 9 (2014) 1552-1558

■ 4.2 節

[1] S.Chernroj, H.Ohnuma, T.Suzuki, T.Sasaki, H.Matsuura, K.Hane : Fabrication and evaluation of single-crystal-silicon tunable grating using polymer-based membrane transfer bonding Process, 電気学会論文誌 E, 135-E, 9 (2015) 361-366

[2] S.Abe, M.H.Chu, T.Sasaki, K.Hane : Time response of a microelectromechanical silicon photonic waveguide coupler switch, IEEE Photon. Technol. Lett. 26, 15 (2014) 1553-1556

第 5 章

■ 5.1 節

[1] K.Y.Inoue, S.Matsudaira, R.Kubo, M.Nakano, S.Yoshida, S.Matsuzaki, A.Suda, R.Kunikata, T.Kimura, R.Tsurumi, T.Shioya, K.Ino, H.Shiki, S.Satoh, M.Esashi and T.Matsue : LSI-based amperometric sensor for bio-imaging and multi-point biosensing, Lab on a Chip, 12 (2012) 3481-3490

[2] T.Hayasaka, S.Yoshida, K.Y.Inoue, M.Nakano, T.Ishikawa, T.Matsue, M.Esashi and S.Tanaka : Integration of diamond microelectrodes on CMOS-based amperometric biosensor array by film transfer technology, Technical Digest IEEE MEMS 2014, San Francisco, USA (Jan.26 - 30, 2014) 322-325

[3] K.Y.Inoue, M.Matsudaira, M.Nakano, K.Ino, C.Sakamoto, Y.Kanno, R.Kubo, R.Kunikata, A.Kira, A.Suda, R.Tsurumi, T.Shioya, S.Yoshida, M.Muroyama, T.Ishikawa, H. Shiku, S.Satoh, M.Esashi and T. Matsue : Advanced LSI-based amperometric sensor array with light-shielding structure for effective removal of photocurrent and mode selectable function for individual operation of 400 electrodes, Lab on a chip, 15 (2015) 848-856

[4] M.Esashi and T.Matsuo : Biomedical cation sensor using field effect of semiconductor, J. of the Japan Soc. of Applied Physics, 44, Supplement (1975) 339-343

[5] K.Shimada, M.Yano, K.Shibatani, Y.Komoto, M.Esashi and T.Matsuo : Application of catheter-tip I.S.F.E.T. for continuous in vivo measurement, Med.& Biol.Eng. & Comput., 18, 11 (1980) 741-745

[6] J.M.Rothberg et al. : An integrated semiconductor device enabling non-optical genome sequencing, Nature, 475 (July 21, 2011) 348-352

[7] Ray Kurzweil : The singularity is near: when humans transcend biology, Penguin Books (2006)
日本語訳：井上健, 小野木明恵, 野中香方子, 福田実：ポスト・ヒューマン誕生 — コンピュータが人類の知性を越えるとき —, 日本放送出版協会 (2007)

[8] T.Ishikawa, T.S.Aytur and B.E.Boser: A Wireless integrated immunosensor, Complex Medical Eng. 2005 (CME2005), Kagawa, Japan (May 15-18, 2005) 943-

[9] 石川智弘, 小川剛史, 田中秀治, 江刺正喜：LSIチップ単体への無線による電力供給, 第30回「センサ・マイクロマシンと応用システム」シンポジウム, 仙台（Nov.5-7, 2013）5PM3-PSS-087

[10] 木村優斗, 塚本貴城, 石川智弘, 田中秀治：使い捨て免疫検査チップのためのオンチップバッテリの基本構成, 日本機械学会第6回マイクロ・ナノ工学シンポジウム講演論文集, 島根（Oct.20-22, 2014）20pm1-A4

[11] 石川智弘, 田中秀治, 江刺正喜：ワンチップ無線免疫センサのための再構築可能な機能検証チップの試作, 第31回「センサ・マイクロマシンと応用システム」シンポジウム, 松江（Oct.21, 2014）21pm3-PS84

[12] Y.-J.Seo, M.Toda, and T.Ono : Si nanowire probe with Nd-Fe-B magnet for attonewton-scale force detection, J. Micromech. Microeng., 25（2015）045015

[13] M.Toda, T.Otake, H. Miyashita, Y.Kawai and T.Ono: Suspended biomaterial microchannel resonators for thermal sensing of local heat generation in liquid, Microsystem technologies 19（2012）1049-1054

[14] N.Inomata, M.Toda, M.Sato, A.Ishijima and T.Ono: Pico calorimeter for detection of heat produced in an individual brown fat cell, Applied Physics Letters, 100（2012）154104-1-154104-4

■5.2 節

[1] 五島彰二, 松永忠雄, 松岡雄一郎, 黒田輝, 江刺正喜, 芳賀洋一：カテーテル実装に適した血管内MRIプローブの開発, 電気学会論文誌 E, 128-E, 10（2008）389-395

[2] 松永忠雄, 中園正芳, 江刺正喜, 芳賀洋一, 松岡雄一郎, 黒田輝：小型可変容量を用いた体腔内MRIプローブの開発, 電気学会総合研究会, PHS-15-028, CHS-15-041, MSS-15-013, BMS-15-034, 東京（July 2-3, 2015）

[3] 芳賀洋一, 六槍雄太, 五島彰二, 松永忠雄, 江刺正喜：円筒面レーザプロセスを用いた低侵襲医療機器の開発, 電気学会論文誌 E, 128-E, 10（2008）402-409

[4] Y.Haga, Y.Muyari, S.Goto, T.Matsunaga and M.Esashi : Development of minimally invasive medical tools using laser processing on cylindrical substrates, Electrical Engineering in Japan, 176, 1（2011）65-74

[5] 陳俊傑, 江刺正喜, 大城理, 千原国宏, 芳賀洋一：血管内低侵襲治療のための前方視超音波イメージャの開発, 生体医工学, 43, 4（2006）553-559

[6] 広島美咲, 松永忠雄, 芳賀洋一, 峯田貴：陽極接合可能なセラミック貫通配線基板を用いた静電駆動型超音波トランスデューサ, 第30回「センサ・マイクロマシンと応用システム」シンポジウム, 仙台（Nov.5-7, 2013）5PM1-A-6

[7] G.Chen, H.Ghaed, R.-U.Haque, M.Wieckowski, Y.Kim, G.Kim, D.Fick, D.Kim, M.Seok, K.Wise, D.Blaauw. and D.Sylvester : A cubic-millimeter energy-autonomous wireless intraocular pressure monitor, Digest of Technical papers of the 2011 IEEE International Solid-State Circuits Conference（ISSCC）, San Francisco, USA（Feb. 20-24, 2011）301-312

［8］ A.M.Sodagar, K.D.Wise and K.Najafi：A fully integrated mixed-signal processor for implantable multichannel cortical recoding, IEEE Trans. on Biomedical Eng., 54（2007）1075-1088
［9］ 松本裕貴，田中智也，園田晃司，神田健介，藤田孝之，前中一介，低消費電力心拍抽出ディジタル ASIC．電気学会論文誌 E, 134, 5（2014）108-113

第6章

■6.1 節
［1］ S.-H.Choe, S.Tanaka and M.Esashi：A matched expansion MEMS probe card with low CTE LTCC substrate, IEEE International Test Conference 2007, Santa Clara, CA（2007,Oct.21-26）Paper 20.2
［2］ 中村陽登，高柳史一，茂呂義明，三瓶広和，小野澤正貴，江刺正喜：RF MEMS スイッチの開発．Advantest Technical Report, 22（2004）9-16
［3］ W.Endendijk, M.Mulder and Bert van Drieëhuizen：Successful implementation of a MEMS micromirror array in a lithography illumination system, Transducers 2013, Barcelona, Spain（June 16-20, 2013）Th1C.001 2564-2567
［4］ 宮崎順二：マイクロミラーを用いたプログラマブル照明 "Flex Ray", O plus E, 32, 9（2010）1038-1043
［5］ Y.Suzuki, K.Totsua, M.Moriyamaa, M.Esashi, S.Tanaka：Free-standing subwavelength grid infrared cut filter of 90 mm diameter for LPP EUV light source, Sensors and Actuators A, 231（2014）59-64
［6］ N.Ikegami, T.Yoshida, A.Kojima, H.Ohyi, N.Koshida and M.Esashi：Active-matrix nanocrystalline Si electron emitter array for massively parallel direct-write electron-beam system: first results of the performance evaluation, J. Micro/Nanolith. MEMS MOEMS 11, 3（2012）031406
［7］ A.Kojima, N.Ikegami, T.Yoshida, H.Miyaguchi, M.Muroyama, H.Nishino, S.Yoshida, M.Sugata：Development of maskless electron-beam lithography using nc-Si electron-emitter array, Proc. SPIE Alternative Lithography Technologies V, 8680（2013）868001-868017
［8］ 西野仁，吉田慎哉，小島明，池上尚克，田中秀治，越田信義，江刺正喜：超並列電子線描画装置のためのピアース型ナノ結晶シリコン電子源アレイの作製．電気学会論文誌 E, 134, 6（2014）146-153
［9］ 宮口裕，室山真徳，吉田慎哉，池上尚克，小島明，金子亮介，戸津健太郎，田中秀治，越田信義，江刺正喜：超並列電子線描画用 LSI の設計と評価，電気学会論文誌 E, 135, 10（2015）374-381

■6.2 節
［1］ N.Yao, G.E.Spinnler, R.A.Kemp, D.C.Guthrie, R.D.Cates and C.M.Bollinger：Environmental-cell TEM studies of catalyst particle behavior, Proc. 49th EMSA

(1998) 1028-1029
［2］ 西山英利，須賀三雄，小椋俊彦，丸山雄介，小泉充，三尾和弘，北村真一，佐藤主税：大気圧走査電子顕微鏡（ASEM）による溶液中での細胞観察，顕微鏡，44, 4（2009）262-267
［3］ C.-Y.Shao, Y.Kawai, M.Esashi and T.Ono：Electrostatically switchable microprobe for mass-analysis scanning force microscopy, 電気学会論文誌 E, 130-E, 2（2010）59-60
［4］ C.Y.Shao, Y.Kawai, M.Esashi and T.Ono：Electrostatic actuator probe with curved electrodes for time-of-flight scanning force microscopy, Review of Scientific Instruments, 81（2010）083702
［5］ A.Takahashi, M.Esashi and T.Ono, Quartz-crystal scanning probe microcantilevers with a silicon tip based on direct bonding of silicon and quartz, Nanotechnology, 21（2010）405502-1-405502-5
［6］ S.Neethirajan, T.Ono and M.Esashi：Characterization of catalytic chemical vapor deposited SiCN thin film coatings, International Nano Letters, 2, 4（2012）
［7］ Y.Ahn, T.Ono, M.Esashi：Micromachined Si cantilever arrays for parallel AFM operation, J. of Mechanical Science and Technology, 22（2008）308-311
［8］ M.Faizul, T.Ono, S. Mohd Said, Y. Kawai and M.Esashi：Fabrication and characterization of microstacked PZT actuator for MEMS applications, J. Microelectromech. Syst., 24（2015）80
［9］ G. Xue, M. Toda, and T. Ono: Chip-level microassembly of XYZ-microstage with large displacements, 電気学会論文誌 E 135（2015）236
［10］ M.Tomura, C.-H.Huang, Y.Yoshida, T.Ono, S.Yamasaki and S.Samukawa：Plasma-induced deterioration of mechanical characteristics of microcantilever, Jap. J. of Applied Physics, 49（2010）04DL20
［11］ A.Wada, Y.Yanagisawa, B.Altansukh, T.Kubota, T.Ono, S.Yamasaki, and S.Samukawa, Energy-loss mechanism of single-crystal silicon microcantilever due to surface defects generated during plasma processing, J. of Micromechanics and Microengineering, 23（2013）065020

■ 6.3 節
［1］ 重田洋二郎，佐藤徳之，荒井薫，山口正洋，影山慎吾：ICチップレベルの高周波電磁ノイズ計測に用いる高感度オンチップ集積化アクティブ磁界プローブの開発，電子情報通信学会技術報告，114, 15（April 2014）MCJ2014-3, 13-18

第 7 章

■ 7.2 節
［1］ 戸津健太郎，森山雅昭，鈴木裕輝夫，小野崇人，吉田慎哉，江刺正喜：試作コインランドリにおけるプロセス開発と試作支援，金属，83, 9（2013）757-764

         http://www.mu-sic.tohoku.ac.jp/coin/index.html
［2］ http://www.memspc.jp/
［3］ http://www.mu-sic.tohoku.ac.jp/showroom/index.html
■ 7.3 節
［1］ http://www.dwih-tokyo.jp/ja/home/partners/fraunhofer-gesellschaft/
［2］ http://www2.imec.be/be_en/about-imec.html
■ 7.4 節
［1］ http://www.memspc.jp/person/index.html
［2］ http://www.rdceim.tohoku.ac.jp/iCAN15/youkou.html
［3］ http://www.natural-science.or.jp/article/20150701144530.php

索引

■英数字

(001)配向 ……………………………… 76
(100)配向 ……………………………… 76
2線式加速度センサネットワーク ……… 49
3軸加速度センサ ……………………… 29
3軸磁気センサ ………………………… 32
3軸ジャイロ …………………………… 30
4端子プローブ ………………………… 121
AFM(Atomic Force Microscope) … 68
ALD(Atomic Layer Deposition) … 40
Al-Ge(アルミニウム-ゲルマニウム)共晶接合
 ……………………………………… 6, 30
AlN ……………………………… 18, 20
ASEM(Atmospheric Scanning Electron Microscope) ………………………… 117
ATR(Attenuated Total Reflection：全反射減衰)用 Si プリズム ……………… 63
BCB(BenzoCycloButene) … 10, 46, 88
BDD(Boron Doped Diamond) …… 88
BST ……………………………………… 23
BZY(Yttrium-doped Barium Zirconate (Y_2O_3 + $BaZrO_3$)) ………………… 38
CMUT(Capacitive Micromachined Ultrasound Transducer) ………… 102
CTE(Coefficient of Thermal Expansion) ……………………………… 76
Deep RIE ……………………………… 29
DMD(Digital Micromirror Device) … 37
DNA解析装置 ………………………… 91
ELISA(Enzyme-Linked Immuno Solbent Assay) ……………………………… 94
EMI(Electro Magnetic Interference) … 125
Eu$(TTA)_3$(europium(Ⅲ) thenoyltrifluoroacetone) …………… 58

FBAR(Film Bulk Acoustic Resonator)
 ……………………………………… 17, 18
FPGA(Field Programmable Gate Array)
 ……………………………………… 49
FTIR(Fourier Transform Infrared Spectroscopy) ……………………… 60
GaN による LED ……………………… 72
GMR(Giant Magneto Resistive effect)
 ……………………………………… 33
GMR 磁気方位センサ ………………… 33
GPS(Global Positioning System) … 31
HCOOH ………………………………… 13
iCAN(International Contest of Applications in Nano-micro technologies) ……… 134
IDT(Inter Degital Transducer) …… 20
IMEC(Interuniversity Micro Electronic Center) ……………………………… 133
IoT(Internet of Things) ……………… 3
ISFET(Ion Sensitive Field Effect Transistor) ………………………… 91
$LiNbO_3$ ………………………………… 22
$LiTaO_3$ ………………………………… 22
LPP(Laser Produced Plasma) …… 111
LS MOCVD(Liquid Source Metal Organic Chemical Vapor Deposition) ……… 73
LSI ……………………………………… 3
LTCC(Low Temperature Co-fired Ceramics) …………………………… 12
MBE(Molecular Beam Epitaxy) … 72
MEMS(Micro Electro Mechanical Systems) ……………………………… 2
MEMS スイッチ …………………… 25, 134
MEMS ディスプレイ ………………… 37
MOCVD(Metal Organic Chemical Vapor Deposition) ………………… 72

索 引

MOS（Metal Oxide Semiconductor）型可変容量素子 …… 98
MPB（Morphotropic Phase Boundary） …… 80
MRFM（Magnetic Resonance Force Microscope） …… 94
MRI（Magnetic Resonance Imaging） …… 94, 97
NEM（Nano Electro Mechanical）スイッチ …… 26
OCT（Optical Coherent Tomography） …… 76
PLD（Pulsed Laser Deposition） …… 38
PLL（Phase Locked Loop） …… 55
PMN-PT …… 101
PMUT（Piezoelectric Micromachined Ultrasound Transducer） …… 100
PNZT（Neodymium doped Lead Zirconate Titanate） …… 75
PZT（Lead Zirconate Titanate） … 25, 73
RIE …… 28
R波を検出する専用LSI …… 106
SAW（Surface Acoustic Wave） …… 16
ScAlN（$Sc_{0.6}Al_{0.4}N$） …… 21
Si 導波路カップラスイッチ …… 84
SLID（Solid Liquid InterDiffusion）接合 …… 13
SOFC（Solid Oxide Fuel Cell） …… 38
SOI（Silicon On Insulator） …… 19
SPM（Scanning Probe Microscope） … 117
SS（Swept Source）OCT …… 76
SU-8 …… 17
TFT（Thin Film Transistor） …… 37
TLP（Transient Liquid Phase）接合 … 13
trillion sensors …… 3
UV アシストオゾンエッチング装置 …… 10
VCO（Voltage Controlled Oscillator） …… 17, 18
via-first …… 7
via-last …… 6
YSZ（Yttrium Stabilized Zirconia（Y_2O_3 + ZrO） …… 38

μ-SOFC …… 38

■ア

アクティブ近傍磁界プローブ …… 125
アクティブマトリックス電子源 …… 112
圧電 MEMS スイッチ …… 25, 134
圧電型超音波トランスデューサ …… 100
圧電駆動 XY マイクロステージ …… 122
圧電光スキャナ …… 73
圧電スイッチ …… 17
圧電定数 …… 80
圧力センサ …… 35
アンペロメトリ …… 86
位相雑音 …… 23
イベントドリブン …… 46
イムノクロマトグラフィー …… 94
イムノ反応 …… 92
ウェットエッチング …… 9
ウェハレベルパッケージング …… 11
薄膜トランジスタ …… 37
液体有機金属ソース CVD …… 73
エネルギーハーベスト …… 38
エピタキシャル poly-Si …… 29
エピタキシャル PZT 膜 …… 80
エポキシ樹脂 …… 17
オーバーサンプリングクロックデータリカバリ回路 …… 49
オープンコラボレーション …… 130

■カ

介護ロボット …… 44
過酷環境 …… 52
加速度センサ …… 29
褐色脂肪細胞 …… 95
カテーテル …… 97
可動グレーティングミラー …… 82
可変焦点ミラー付光スキャナ …… 69
可変容量 …… 98
可変容量素子 …… 23
眼圧モニタ …… 104
環境ガスモニタリング …… 59
環境セル …… 116
貫通配線 …… 46, 104
気圧センサ …… 35
蟻酸 …… 13

149

索　引

キャリヤウェハ………………………………… 6
共晶(eutectic)接合 …………………………… 13
共通2線式触覚センサアレイ ………………… 45
共鳴空間(基準圧室)…………………………… 37
強誘電体バラクタ……………………………… 23
極端紫外 EUV(Extreme Ultra Violet)光…… 111
巨大磁気抵抗効果……………………………… 33
距離画像システム……………………………… 67
金属間化合物…………………………………… 13
櫛歯電極………………………………………… 20
蛍光型感温塗料………………………………… 58
携帯情報機器…………………………………… 16
血管内 MRI …………………………………… 97
原子間力顕微鏡………………………… 68，118
原子層堆積……………………………………… 40
抗原抗体反応…………………………………… 92
高速パケット通信……………………………… 46
酵素免疫分析…………………………………… 94
高密度集積回路………………………………… 3
ゴーレイセル型………………………………… 60
コグニティブ無線……………………………… 16
固体電解質……………………………………… 38
コリオリ力……………………………………… 29
コンパス………………………………………… 31
コンボセンサ…………………………………… 34

■サ
サーモパイル…………………………………… 57
磁気共鳴………………………………………… 95
磁気共鳴イメージング ………………… 94，97
磁気共鳴力顕微鏡……………………………… 94
磁気収束板……………………………………… 32
磁気センサ……………………………… 32，92
磁気方位センサ………………………………… 32
試作コインランドリ………………………… 129
ジャイロ………………………………………… 29
収差補正……………………………………… 114
集積化3軸電子コンパス …………………… 32
集積化 MEMS ………………………………… 2
集積化マルチ微小電極……………………… 105
集束イオンビーム(FIB)加工 ……………… 119
縮小投影露光装置…………………………… 110
焦電型赤外線センサ…………………………… 60
触覚センサ……………………………………… 45

触覚センサネットワーク……………………… 44
人感センサ……………………………………… 57
神経インパルス計測システム……………… 105
振動型熱量センサ……………………………… 96
振動ジャイロ…………………………………… 29
静電容量型……………………………………… 29
水晶振動子……………………………………… 54
水晶プローブ………………………………… 119
水素アニール…………………………………… 68
(静電)容量型超音波トランスデューサ… 102
赤外線センサ…………………………………… 57
赤外線センサアレイ…………………………… 60
積層 PZT アクチュエータ ………………… 122
センシング用 SAW 歪みセンサ …………… 54
仙台 MEMS ショールーム ………………… 130
仙台 MEMS パークコンソーシアム … 130
走査型プローブ顕微鏡(SPM) … 117，122
ゾルゲル(Sol-Gel)法 ………………………… 25

■タ
ダイアフラム…………………………………… 37
帯域幅可変フィルタ…………………… 16，23
ダイオードブリッジ回路……………………… 52
大気圧走査電子顕微鏡……………………… 117
タイヤ圧モニタ………………………………… 55
タンタル酸リチウム…………………………… 22
チタン酸ジルコン酸鉛………………… 25，73
チタン酸バリウムストロンチウム…………… 23
窒化アルミニウム……………………………… 18
中性粒子ビームエッチング装置…………… 123
超音波イメージャ…………………………… 100
超音波内視鏡………………………………… 100
超並列電子線描画装置……………………… 111
低温焼成セラミック…………………………… 12
デバイス転写…………………………………… 6
電圧制御発振器………………………… 17，18
電磁干渉……………………………………… 125
電子コンパス…………………………………… 32
電鋳……………………………………… 9，99
ドライエッチング……………………………… 9
トランスポンダ………………………………… 55
トリリオンセンサ……………………………… 3

■ナ
ナノエレクトロメカニカルスイッチ……… 26

150

索　引

ナノクリスタルシリコン(nc-Si)電子源……	111
ナノポーラス Au …………………………	13
ナノワイヤープローブ………………………	94
ニオブ酸リチウム……………………………	22
熱型赤外線イメージャ………………………	58
熱型赤外線センサ……………………………	57
熱産生…………………………………………	95
熱膨張係数……………………………………	76
燃料電池………………………………………	38
乗り合いウェハ………………………………	4

■ハ

バイオ LSI ……………………………………	86
バイオセンサアレイ…………………………	86
配向制御………………………………………	73
バイメタル型温度センサ……………………	95
橋の振動観測…………………………………	49
波長選択スイッチ……………………………	82
波長掃引………………………………………	76
バックプレート………………………………	37
パッシブワイヤレスセンサ…………………	55
バッファ層……………………………………	79
バラクタ………………………………………	23
バリキャップ…………………………………	98
バルク音響波共振子…………………… 17,	18
パルスレーザ蒸着……………………………	38
半導体イオンセンサ…………………………	91
反応性イオンエッチング……………………	28
ピアースガン…………………………………	113
ピエゾ抵抗……………………………………	35
ピエゾ抵抗のせん断ゲージ…………………	66
光干渉断層撮影………………………………	76
光スイッチ……………………………………	82
光スキャナ……………………………………	66
光多重通信……………………………………	82
光ファイバ干渉計……………………………	95
非共振2軸電磁光スキャナ …………………	67
飛行時間型の質量分析計……………………	118
ヒスタミン……………………………………	88
非平面露光装置………………………………	99
表面弾性波フィルタ…………………………	16
表面マイクロマシニング……………………	5
フィルム転写…………………………………	6
封止……………………………………………	11

フーリエ変換型赤外分光光度計…………	60
フラウンホーファー研究機構……………	132
プラズマ CVD ………………………………	88
プラズマ活性化接合………………………	119
プラズマダメージ…………………………	123
プローブカード……………………………	110
分子サンプリング機能……………………	118
ヘテロ集積化……………………2, 4, 17,	128
変位拡大機構………………………………	123
ベンゾシクロブテン……………10, 46,	88
放射温度計…………………………………	57
ポテンショスタット………………………	86
ポーリング…………………………………	79
ホール素子…………………………… 32,	93
ボロンドープトダイヤモンド……………	88

■マ

マイクロ XYZ ステージ……………………	123
マイクロ化 FTIR ……………………………	60
マイクロ干渉計……………………………	60
マイクロシステム…………………………	2
マイクロフォン……………………………	35
マイクロプローブセンサ…………………	117
マイクロミラーアレイ……………………	110
マイケルソン干渉計………………………	60
マスクレス露光……………………………	111
マルチ SAW フィルタ ……………………	16
ミラーアレイ………………………………	37
モバイルプロジェクタ……………………	37
モバイルプロジェクタ用2軸光スキャナ	73

■ヤ

薬剤スクリーニング………………………	88
ユーザインターフェース…………………	2
陽極接合……………………………………	11

■ラ

ラム(Lamb)波共振子 ……………………	20
裏面照射積型 CMOS イメージセンサ……	6
リレーノード………………………………	49
レーザデボンディング………………… 7,	9
レンズ一体型超小形非接触温度センサ…	57

■ワ

ワイヤレス免疫(イムノ)センサ…………	92
ワイヤレス力センサ………………………	54
割り込み……………………………………	46

著者略歴

江刺　正喜（えさし・まさよし）
　1949 年　宮城県に生まれる
　1976 年　東北大学大学院博士課程（電子工学専攻）修了
　1976 年　東北大学・助手
　1981 年　東北大学・助教授
　1990 年　東北大学・教授（精密工学科）
　2007 年　東北大学原子分子材料科学高等研究機構・教授
　　　　　（兼）マイクロシステム融合研究開発センター（μSIC）・センター長（2010 年）
　　　　　革新的イノベーション研究機構（COI）リサーチフェロー（2015 年）
　2019 年　株式会社メムス・コア CTO
　　　　　（兼）マイクロシステム融合研究開発センター（μSIC）・シニアリサーチフェロー
　　　　　現在に至る
　　　　　工学博士

小野　崇人（おの・たかひと）
　1967 年　北海道に生まれる
　1996 年　東北大学大学院博士課程（精密工学）修了
　1996 年　東北大学・助手
　2000 年　東北大学・助教授
　2009 年　東北大学大学院工学研究科・教授（機械機能創成専攻）
　　　　　（兼）マイクロシステム融合研究開発センター（μSIC）・センター長（2017 年）
　　　　　現在に至る
　　　　　工学博士

編集担当　塚田真弓（森北出版）
編集責任　藤原祐介・石田昇司（森北出版）
組　　版　ビーエイト
印　　刷　エーヴィスシステムズ
製　　本　協栄製本

これからのMEMS
　― LSIとの融合 ―　　　　　　　　　　　　　　© 江刺正喜・小野崇人　2016

2016 年 6 月 20 日　第 1 版第 1 刷発行　　【本書の無断転載を禁ず】
2021 年 3 月 1 日　第 1 版第 2 刷発行

著　　者　江刺正喜・小野崇人
発 行 者　森北博巳
発 行 所　森北出版株式会社
　　　　　東京都千代田区富士見 1-4-11（〒 102-0071）
　　　　　電話 03-3265-8341 ／ FAX 03-3264-8709
　　　　　https://www.morikita.co.jp/
　　　　　日本書籍出版協会・自然科学書協会　会員
　　　　　JCOPY ＜（一社）出版者著作権管理機構　委託出版物＞

落丁・乱丁本はお取替えいたします.

Printed in Japan ／ ISBN978-4-627-77551-0